国家社科基金项目（14BTJ020）
广东省科研创新团队项目（2017WCXTD010）　资助
广东省普通高校社科重点项目（2019WZDXM014）

章刚勇　著

中国科技政策分析的证据研究：数据与方法

ZHONGGUO KEJI ZHENGCE FENXI DE
ZHENGJU YANJIU:
SHUJU YU FANGFA

中国财经出版传媒集团

经济科学出版社
Economic Science Press

图书在版编目（CIP）数据

中国科技政策分析的证据研究：数据与方法／章刚勇
著.—北京：经济科学出版社，2020.4
ISBN 978 - 7 - 5218 - 1497 - 2

Ⅰ.①中… Ⅱ.①章… Ⅲ.①科技政策 - 研究方法 -
中国 Ⅳ.①G322.0 - 3

中国版本图书馆 CIP 数据核字（2020）第 064899 号

责任编辑：杜　鹏　张　燕
责任校对：靳玉环
责任印制：邱　天

中国科技政策分析的证据研究：数据与方法
章刚勇　著
经济科学出版社出版、发行　新华书店经销
社址：北京市海淀区阜成路甲 28 号　邮编：100142
编辑部电话：010 - 88191441　发行部电话：010 - 88191522
网址：www. esp. com. cn
电子邮箱：esp_bj@ 163. com
天猫网店：经济科学出版社旗舰店
网址：http：//jjkxcbs. tmall. com
固安华明印业有限公司印装
710×1000　16 开　12.5 印张　200000 字
2020 年 9 月第 1 版　2020 年 9 月第 1 次印刷
ISBN 978 - 7 - 5218 - 1497 - 2　定价：66.00 元
（图书出现印装问题，本社负责调换。电话：010 - 88191510）
（版权所有　侵权必究　打击盗版　举报热线：010 - 88191661
QQ：2242791300　营销中心电话：010 - 88191537
电子邮箱：dbts@ esp. com. cn）

前　言

2006 年全国科技大会的召开以及《国家中长期科学和技术发展规划纲要（2006~2020 年）》（以下简称《规划纲要》）的颁布标志着我国国家创新体系建设进入新时期。围绕《规划纲要》，国家各主要部委、地方政府部门分别制定了部门（地方）中长期科技发展规划纲要、"五年"科技发展规划等系列专项规划计划。为落实《规划纲要》制定的"走自主创新道路，建设创新型国家"战略，国家及地方政府机构又相继制定并颁布了一系列用于规制和激励全社会创新行为的法规条例、措施办法、意见建议等科技政策。参与制定部门包括全国人大常委会、国务院、科技部、国家发改委、财政部、教育部等国家机关，以及地方政府相关部门；政策内容涵盖了财政、金融、税收、教育等经济社会发展的方方面面。科技政策已日益形成一个结构庞大、内容庞杂的政策集合。本书借鉴公共政策分析思想，提出一个基于证据的科技政策分析框架，把已有研究成果、科技政策文本纳入为主要研究对象，与科技统计指标一起作为科技政策分析的主要资料证据，基于证据的科技政策分析为新一轮政策制定与实践提供经验证据，重点探讨了科技政策分析的数据与方法。

不同时期不同国家赋予科技政策不同含义，本书首先思辨了新时期我国科技政策的概念，把科技政策定义为"由一国或地方政府机构为促进经济社会发展，基于社会需求在不同阶段制定颁布的，一系列用于规制和激励全社会从事知识发现、积累，及应用于技术创新行为的政策集合。包括规划计划、法规条例、决定、办法、措施，以及相应的实施细则、意见建议等"。并进一步以2006～2020年由我国中央政府或地方政府围绕《规划纲要》制定和将制定的科技政策为研究对象，基于政策制定主体隶属关系与政策群理论，厘清了我国科技政策体系，初步构建了政策文本数据库，作为科技政策分析的主要证据之一；近年来学界对科技政策实施效果的评价研究逐渐增多，学术成果日渐丰富。学术文献作为一类科技数据资源，用于评价科技政策实践或探索科技政策的作用机理，并给出了相关结论和政策建议，为科技政策的制定与完善提供了依据，也构成了科技政策分析的证据之一；大数据理念下，大数据不仅在于数据量大，还包括数据的种类和来源较多，不只限于数值型数据，文本资料等也是大数据的组成类型。自20世纪70年代末起，我国经过不断努力，已逐步形成了一套比较完善、规范并与国际接轨的科技统计指标体系和统计制度。科技统计指标数据构成了科技政策分析的另一个主要证据。科技政策文本、已有研究成果与科技统计指标是本书研究的主要数据。

我们把应用适当方法探索我国科技政策作用机理所得出的结论作为经验证据。正式的政策分析强调定量研究方法在分析过程中所起到的核心作用，我们分别使用了Meta分析法分析了已有文献研究结论差异的来源；使用文本分析法分析了区域科技政策的差异性，并衍生出政策效力和政策协同度两个主要变量，进一步使用面板数据计量分析方法分析了这两个变量对技术产出和技术绩效的影响；使用结构方程模型探索了现阶段科技政策作用机制。另外，为保证研究的完整性和进一步地解释实证结果，使用问卷调查法分析了政策需求方企业对科技政策的主要诉求，使用正态性检验法评价了科技投入指标的数据质量。尽管我们所采用的定量研究方法较为丰富，但研究方法服务于研究目的，且统计方法本身也无优劣之分，只有适合与否。我们较为谨慎地选择了统计分析方法。本书研究关于证据构成与收集、证据组织与应用和证据质量评价的科技政策分析程序与方法应用，不仅对政策研究方法论有贡献，且丰富了我国科技统计研究内容和方法。

基于证据的科技政策分析为下一轮科技政策制定和实施提供了经验证据。我们以我国中部六省为例，分析了区域科技政策差异性，以及这种差异性对技术产出和技术绩效的影响，并且进一步地探索了当前阶段科技政策作用路径。又以江西省为例，分析了科技政策实施现状与作为政策需求方企业的需求。我们发现，尽管我国科技行政管理体系具有"条块结合，上行下效"的特点，以及中部六省在地理位置、经济发展和社会文化等方面具有相似性，然而，科技政策在政策效力、政策协同度和政策工具应用等方面仍具有较大的差异。科技政策通过影响科技投入间接正向作用于技术产出，而科技政策本身对技术产出直接影响较弱。我国科技政策在制度设计上可能存在"重投入，轻产出"的缺陷，现阶段我国科技政策主要着力点在于科技投入，包括人员和经费投入等，但对于科技投入到技术专利产出的效率，以及技术转化为生产力之间的效率效益等方面政策较为缺乏，或缺乏有效的规范或约束。如何激励或规范科技投入向技术产出转化等问题应成为下一阶段我国科技政策制定的重点或方向。当前企业对科技政策需求的重点已不仅是政策本身，还有对政策的知晓与理解；当前政策作用面较窄，利用率较低；我国行政管理体系中的"条块结合"特色可能影响到区域层面的政策协同效应的发挥。政府在政策宣传，以及政府各部门之间在协同服务于企业的工作方式和工作效率等方面还有待改变或进一步提高。因此，本书研究又具有较好的实践意义。

章刚勇

2020 年 1 月

Contents

目录

■ ■ ■

第1章 导论／1

1.1 研究动机／1

1.2 研究意义／3

1.3 研究内容／5

1.4 创新及贡献／9

第2章 科技政策研究：一个基于证据的分析框架／12

2.1 公共政策与科技政策／12

2.2 科技统计与科技政策／20

2.3 基于证据的科技政策分析框架／24

第3章 科技政策与技术产出：一个基于 Meta 文献 分析法的应用研究／35

3.1 文献整理与统计量计算／36

3.2 科技政策对创新产出影响的 Meta 回归分析／41

3.3 敏感性检验及偏倚检验／49

3.4 小结／50

第4章 科技政策体系、文本数据库构建与文本分析 / 52

4.1 我国科技政策体系 / 53

4.2 科技政策文本数据库构建 / 58

4.3 我国科技政策主要议题分布：文本分析法的一个简单应用 / 64

4.4 小结 / 66

**第5章 区域科技政策差异、测度与技术产出：
以中部六省为例 / 68**

5.1 基于文本分析法的政策差异性测度构建 / 69

5.2 区域科技政策差异性分析 / 72

5.3 科技政策作用与技术创新绩效：一个基于面板
数据的应用研究 / 79

5.4 科技政策传导机制：一个基于结构方程的应用研究 / 92

5.5 小结 / 100

**第6章 科技政策实施现状与企业需求分析：
以江西省为例 / 103**

6.1 调查背景简介 / 104

6.2 科技政策落地现状分析 / 105

6.3 企业需求分析：一个层次分析法的简单应用 / 110

6.4 小结 / 112

**第7章 科技统计指标的数据质量评价：
以 R&D 投入指标为例 / 114**

7.1 R&D 投入指标的统计特征 / 115

7.2 正态性检验方法论 / 116

7.3 检验结果及分析 / 120

7.4　小结 / 123

第8章　总结与展望 / 125

8.1　主要结论 / 125

8.2　主要建议 / 127

8.3　局限与展望 / 130

附录　部分数据和代码 / 132

参考文献 / 177

后记 / 188

第 1 章
导　论

1.1　研究动机

　　长期以来，社会科学中"政策科学"和"政策分析"两大基本范式相互对峙与互补，"政策分析"范式更重视面对实际和技术上的可操作性，不断吸收新兴科学中的方法论思想，构造分析与解决具体问题的模式。20 世纪 70 年代中期开始，西方政策研究的兴趣中心开始转移到政策分析（刘启华，2007）。威廉（William，1994）引用美国兰德公司对政策分析的描述，认为非正式政策分析包括直觉和判断力的使用，仅指详细的思考；而正式的政策分析要求广泛地收集资料和使用复杂的数学过程进行精心计算，强调定量方法在政策分析中的核心位置和作用。英国政府（1999）把在公共政策分析中所采用的证据描述为"专家的知识、现有的研究成果、统计资料、利益相关者的咨询意见、以前的政策评价、网络资源、咨询结果、多种方案的政治成本估算、由经济学和统计学模型推算的结果"，主张以"基于证据（evidence-based）"作为政府制定政策的基本理念之一。基于证据的政策制定与实践是政策分析范式的应用拓展，该种政策分析的新方法已深刻地影响欧美发达国家的公共政策制定（张正严，2013）。

　　为适应科技发展和全球竞争的需要，世界各国加强了对科技政策的研究，科技政策研究显示出专业化趋势，各国根据本国国情和科技战略在科技政策研究内容方面各有侧重（王景文，1999）。我国科技政策研究经过20多年发展，研究内容已从单纯的科技政策走向与产业政策、财政金融政策、教育政策相融合的广阔领域（盛建新，2002）。以定量方法和手段研讨新时期各国科技政策的得失、调整和颁布新的科技政策，成为各国科技统计测量的主要需求点（施建军，2002）。我国科技统计已形成了比较完整、系统的统计调查制度和稳定的调查指标体系（刘树梅，2007），但研究多侧重于科技进步测算、科技创新指标体系构建，区域创新能力和绩效评价。证据总量不够、证据质量不高（张正严，2013）和证据组织应用不足是导致我国科技政策质量历来不高的主要因素。"基于证据"的科技政策分析把科技统计当作为科技政策制定和评价，生产、收集、整理和分析证据的一门科学（章刚勇，2016）。2006年中国科学与创新会议的召开以及《国家中长期科学和技术发展规划纲要（2006～2020年）》（以下简称《规划纲要》）的颁布标志着我国国家创新体系建设进入新时期。《规划纲要》体现了我国政府为实现经济可持续增长、寻求以创新为驱动的经济发展，以及增强自主创新能力所付出的努力。围绕《规划纲要》，国家各主要部委、地方政府部门分别制定了部门（地方）中长期科技发展规划纲要，"五年"科技发展规划等系列专项规划计划。为落实《规划纲要》制定的"走自主创新道路，建设创新型国家"战略，国家及地方政府机构又相继制定颁布了一系列用于规制和激励全社会创新行为的法规条例、措施办法、意见建议等科技政策。参与制定部门包括全国人大常委会、国务院、科技部、国家发改委、财政部、教育部等国家机关，以及地方政府相关部门；政策内容涵盖了财政、金融、税收、教育等经济社会发展的方方面面。科技政策已日益形成一个结构庞大、内容庞杂的政策集合。随着经济社会的发展，科技发展也日益与人类生存环境、生活方式相联系，科技政策是在某一定时期的历史条件与国情条件下推行的现实国策，随着国际国内形势变化，其政策效力和政策内容会有所改变。科技政策定义及界定目前较模糊，科技管理部门在实践中一般把科技部门制定或参与制定的政策视为科技政策。而学界对科技政策、创新政策与技术创新政策的概念及概念间的关系争议已久，研究者一般基于其研究目的和所能收集的政策条文界定和评价科技政策；另外，由科技部和地方科技部门汇编或选编的有关科技法律法规与政策出版物信息量较小，缺乏统一框架，难以支撑科技政策体系和满足信息化建设要求。

思辨现阶段我国科技政策的定义，厘清科技政策体系，按一定规则收集政策条文并分类，构建我国科技政策文本数据库，组成我国科技政策分析的主要证据之一，是我们的研究初衷。进一步地，结合其他证据，应用于探索我国科技政策演变进程中，各地区政策的差异性，以及政策对科技创新的影响，与研究科技政策发挥效用的内在机理，形成下一轮科技政策制定的经验证据，是我们的研究动机。而且我们认为，在我国科技政策演变进程中，国家及地区层面制定的政策内容、落地经验，以及各地区科技进步和创新绩效，在时间序列和横截面上的差异，为经验论证科技政策作用机理的可行性提供了支撑。

1.2　研究意义

国家"十二五"科技发展规划指出，"十二五"期间是"提高自主创新能力、建设创新型国家"的攻坚阶段。中共十八届三中全会进一步提出要"加快转变经济发展方式，加快建设创新型国家"。自 2006 年起，为落实《规划纲要》制定的"走自主创新道路，建设创新型国家"战略，我国出台了一系列《规划纲要》配套政策实施细则等科技政策。现阶段，收集、组织分析反映我国科技政策制定与实践经验的资料证据、应用证据用于研究我国科技政策作用机理，具有较好的学术价值和实践意义。不仅将进一步丰富我国科技统计研究内容与方法（我们把政策研究主题、政策文本等定性资料量化方法及应用纳入科技统计研究领域），而且可以为新一轮科技政策制定和实施、为提高我国科技政策质量提出参考建议。

科技统计的研究内容可分为三个层次：第一层次，研究如何有效准确地收集基础数据，包括科技统计制度、调查方法的设计，数据质量评价等；第二层次，研究构建科技指标体系，分析科技活动规模、结构和布局的总体数量特征与关系，评价科技活动效率；第三层次，探索和应用定量方法研究科技政策作用机理，评价科技政策实践，为新一轮科技政策制定提供依据。我国科技统计研究大多侧重于研究科技创新测度指标体系构建、科技创新能力或科技活动绩效评价，已有研究成果比较集中在研究内容的第二层次的应用研究，而第一层次的基础研究以及第三层次的科技政策定量分析研究较少（章刚勇，2016）。当今"大数据"已经渗透到各个行业和业务职能领域，成为可以与物质资产和人力资本相提并论的重要的生产要素。政府机构、企业界和学术界对大数据研发越来越重视。大数据理念下，大数据不仅在于数据量大，还包括数据的种类和来源较多，不仅限于数值型数据，文本资料等也是大数据的组成类型。在我国，参与制定和颁布科技政策的部门包括国家层面的科技部等主要机关，以及地方政府相关部门。政策来源以及政策内容也日益丰富，政策条文数据也呈现半结构化或非结构化特征。研究如何构建科技政策体系，厘清科技政策体系，按一定规则收集和组织政策条文并归群分类，进一步研究如何把政策内容量化，应用于我国科技政策分析，首先是丰富了科技统计研究中第一层次的基础研究和第三层次的科技政策量化分析研究；其次我们所探讨的科技政策分析中可组织的证据与相应的统计分析方法论，对公共政策中其他政策研究领域也有一定的借鉴作用。这是本书研究的学术价值所在。

已有的科技政策研究成果、科技统计指标和科技政策条文是科技政策分析的主要资料证据（naive evidence），而基于证据的科技政策分析为新一轮政策制定提供经验证据（empirical evidence）。科技政策是政府为弥补市场失灵，促进公共部门和私人部门的技术创新而制定的一系列干预、规制和引导科学研究、公共技术开发以及促进科技成果产业化政策工具的组合（盛建新，2002），科技政策内容导向、颁布部门和政策工具组合形式等影响政策执行力度、科技投入结构和科技产出绩效。围绕《规划纲要》及配套政策，我国各省、自治区及直辖市结合区域特点制定了相应的地方政策法规，逐步发展建立具有各地特色的地方科技政策新体系。我国地方人大及政府作为地方科技政策的制定主体，综合运用财政、税收、金融、人才培养、知识产权等多样化政策工具，制定并颁布的科技政策作用于科技机构、高校、企业、中介机构等各类创新主体，目标是引导和规范创新主体在基础研究、技术开发、技术转移到产业化等创新链条各个环节的创新行为。（1）我国行政管理体系具有"自上而下，层层传达，上行下效"的特点，是否有证据说明各区域科技政策内容和形式存在显著差异？（2）在我国渐进式转轨经济改革进程中，各地区市场发展不平衡（王小鲁、樊纲，2004），区域经济社会发展和创新能力存在差异（周立、吴玉鸣，2006）的背景下，是否有证据证明有差异的科技政策会对科技创新产生不同影响？（3）我国科技政策从制定实施到作用于科技活动再到产出过程中，政策制定和实施部门涉及全国人大常委会、国务院、科技部、国家发改委、财政部，以及地方政府相应机构的协同与合作，政策内容涉及新兴产业、财政金融以及科教文体等方面。科技政策又是通过何种机制发挥作用？组织与应用证据于探索我国科技政策演变进程中，各地区政策差异性及其落地经验，回答上述问题，并研究科技政策发挥效能的内在机理，可以为下一轮科技政策的制定、为提高我国科技政策质量提供经验证据。因此本书研究又具有较好的实践意义。

1.3　研究内容

我国各时期制定的国家层面科技政策以及各地区结合区域特点分别制定的地方科技政策法规、研究成果和科技指标数据等构成科技政策分析的主要资料证据。研究如何组织应用证据于我国科技政策分析，以及评价证据质量，是我们研究的主要内容。

科技政策研究成果、科技政策文本和科技统计指标构成了科技政策分析的资料证据，也构成了我们所研究的主要数据。（1）科技政策研究显示出专业化趋势，学术文献是一类科技数据资源，近年来科技政策研究文献逐渐增多，学术成果日渐丰富。我国科技政策研究以规范研究法为主，或探讨科技政策伦理、评估标准和方法（匡跃辉，2005；李侠，2006；等等）；或探讨构建科技政策分析体系或框架（刘启华，2007；赵筱媛，2007；等等）；或探讨其他国家科技政策经验及其对我国的借鉴和启示（樊春良，2013；郑宇冰，2013；等等）。相对较少的实证研究多以研究科技投入的效率或绩效为主要研究对象，且未能充分有效地使用政策条文信息，研究呈"碎片化"特点。各文献所采用的研究方法、研究区域、研究年限不同，导致研究结果也不尽相同。尽管如此，无论是规范研究成果还是实证研究成果，对我们的研究依据、研究框架设计和研究方法选取等都有较好的借鉴作用。因此，已有科技政策研究文献成为本书研究的证据之一。（2）2006年至今是我国科技政策制定颁布的密集期，参与部门分散，条文形式多，内容涉及面广。围绕《规划纲要》，全国人大常委会、国务院、科技部、国家发改委、财政部和教育部等部门制定或联合制定颁布了一系列用于规制和激励全社会创新行为的法规制度、规划计划、措施办法、意见建议等。地方政府机构，包括科技厅、地方发改委、财政厅和教育厅等部门，分别制定或参与制定了相关贯彻落实、促进推进等条文。条文内容涵盖了财政、金融、税收、教育和产业等各方面。其中大部分政策由科技部门起草，其他部门联合发文，国家及地方科技部门是制定科技政策的主体。部分政策的制定和颁布，科技部门虽未参与，但条文内容却与科技创新举措相关。科技政策条文形式和内容是本书研究关注的证据之二。（3）我国已逐步形成了一套比较完善、规范并与国际接轨的科技统计指标体系和统计制度。科技统计部门每年定期用统计方法对科学技术活动的规模和结构进行定量的测定，对我国科技活动的规模、结构及功能进行连续的年度数量测定，为国家科技政策的制定与评价提供准确、系统的年度科技统计数据及统计分析报告。科技统计指标数据是我们科技政策分析的证据之三。

如何收集整合已有研究成果，以获得较一致的结论，如何把科技政策文本等定性资料数量化，和科技统计指标一起构成政策分析的基础数据，是本书研究拟首要解决的问题。相关研究成果、科技政策文本和科技进步监控数据构成了科技政策分析的资料证据。探索合适方法组织和分析证据、评价科技政策实践得失、探讨科技政策作用机理、为新一轮政策制定提供经验证据，这是本书研究的核心工作。

我们采用文献研究法，结合我国科技政策新时期的特点，给出了我们经思辨后的科技政策定义及界定，并提出了一个基于证据的科技政策分析框架，涵盖了科技统计三个层次的研究。在框架中，科技政策研究相关研究成果、政策文本和科技统计指标是我们设定的研究数据，而对已有成果拟采用的 Meta 分析法、对政策文本拟采用的文本分析法，以及结合科技统计指标数据，探索科技政策作用机理拟采用的计量经济分析法，构成了科技政策分析的主要研究方法。本书研究的主要技术路线如图 1.1 所示。

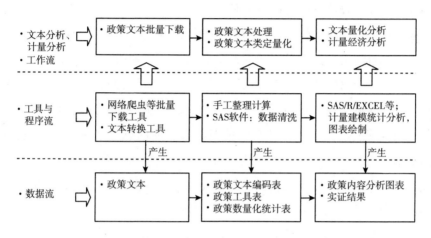

图 1.1　技术支持的科技政策文本分析和计量分析过程

本书章节的主要内容安排如下。

第 1 章是导论。本章介绍本书的研究动机、研究意义、主要内容，以及创新和研究贡献，较为清晰地阐述了本书的学术价值和实践意义，本书主要内容围绕科技政策分析的证据展开。

第 2 章是科技政策研究：一个基于证据的分析框架。本章在文献梳理的基础上，首先思辨了新时期科技政策的定义，介绍了科技政策制定、执行和评估的科技政策实践与相关研究，认为科技统计服务于科技政策制定、科技活动监控和科技政策评估，在大数据理念的指导下，把已有研究成果、政策条文纳入科技统计研究范畴；其次借鉴公共政策分析思想，提出了一个基于证据的科技政策分析框架，较为详尽地介绍了政策分析中的相关数据与方法。

第 3 章是科技政策与技术产出：一个基于 Meta 文献分析法的应用研究。

本章运用 Meta 分析方法，对有关科技政策对创新产出影响的实证文献差异性进行定量分析。通过手工收集文献，计算提取效应量、标准差及特征变量，将特征变量对效应量进行 Meta 回归，以探究异质性的来源。本章是对实证方法论的指导，所得出的结论对第 5 章的实证分析中的样本选择、变量选择和模型搭建都具有启发作用。本章的研究对象是已有文献，因此，既属于文献述评和分析部分，又属于本书主体部分之一。本书基于证据视角提出，已有研究成果构成了政策分析的资料证据之一。

第 4 章是科技政策体系、文本数据库构建与文本分析。大数据时代的到来，为原本就与大数据有着天然联系的科技情报事业带来研究新范式。本章根据第 2 章所给出的科技政策定义，从政策颁布主体行政隶属关系和政策群视角两方面厘清了现阶段我国科技政策体系，提出并实践通过维度设计，结构化组织政策文本，构建科技政策关系型数据库的思路。最后基于数据库，采用文本分析法，分析了我国科技政策主要议题分布，政策议题分析结果支持了本书给出的现阶段我国科技政策的定义。本章展示了本书为收集科技政策条文作为政策分析的资料证据之一所付出的努力。

第 5 章是区域科技政策差异、测度与技术产出：以中部六省为例。本章是全书的重点章节，以中部六省为例，首先基于文本分析法对科技政策差异进行了定量分析；其次构建了政策效力、政策协同度两个主要变量，使用面板数据建模方法分析了政策效力和政策协同度对技术产出的作用。研究结果表明，单独地，科技投入变量、政策效力和政策协同度变量对技术产出均具有显著的正向作用，然而，当把科技投入变量作为控制变量时，两个变量对技术产出的作用不明，尤其是政策协同度变量，甚至对技术产出显现出负向影响。尽管部分假说未能得以验证，实证结果有悖常理，但却使我们对科技政策的传导路径产生了较为初步的认识；进一步地，我们基于结构方程建模手段，探索了科技政策传导机制，发现科技政策显著正向作用于科技投入，而弱影响技术产出；科技投入显著正向作用于技术产出。科技政策通过科技投入间接影响技术产出，其中技术产出包括专利产出和经济绩效。本章在第 3 章有关实证方法论的结论下，对第 4 章所收集的政策条文进一步做文本分析，构建了政策变量，并探索了以较为适当的统计方法探索科技政策作用机制。

本章的主要结论构成了科技政策分析的经验证据。

第 6 章是科技政策实施现状与企业需求分析：以江西省为例。以江西省统计局主要发起的一项问卷调查为研究对象，问话于科技政策需求方企业，试图了解企业的政策诉求，缓解其与政策供给方政府之间的信息不对称。研究发现，政府在政策宣传方面以及各部门协同服务于企业的工作方式和工作效率等方面还有待加强；政策形式和内容与企业实际诉求有所脱节。本章对第 5 章的重要补充，从微观层面支撑了上一章的主要结论。

第 7 章是科技统计指标的数据质量评价：以 R&D 投入指标为例。本章是研究框架设计中的最后一部分。科技统计指标数据是科技政策分析的另一主要资料证据，本章以 R&D 投入指标为例，探索了数据质量评价的统计方法，较好地保证了研究的完整性。

第 8 章是总结与展望。

1.4　创新及贡献

本书区别于已有科技政策研究对科技政策的阐述，认为科技政策是基于社会不同发展阶段的社会需求变化而制定，是一系列用于规制和激励全社会从事科学知识发现、积累，及应用于技术创新行为的政策集合。现阶段，参与制定和实施科技政策的部门诸多；政策内容涉及政治、经济和文体教育等多方面；政策工具包括法规条例、经济激励和财政金融支持等各种手段；政策形式包括中长期的规划、计划，以及较为短期的配套细则、办法措施和细则建议等。在该概念的指导下，结合我国科技政策实践，根据参与制定部门和政策群理论，厘清了现阶段我国科技政策体系，进一步探讨了科技政策收集与维度设计方法，给出了我国科技政策文本数据库表结构设计，初步搭建了数据库。因此，本书贡献于科技政策基础研究工作和科技管理实践。

已有的以科技政策为主题的研究多以规范研究法为主，为数不多的定量研究文献呈"碎片化"特点，缺乏较为统一的分析框架。本书借鉴公共政策分析思想，提出一个基于证据的科技政策分析框架，把已有研究成果、科技政策文本和科技统计指标作为科技政策分析的主要资料证据，基于证据的科技政策分析为新一轮政策制定与实践提供经验证据。综合定性资料量化结果与科技统计指标，使用合适的计量经济建模技术，探讨科技政策作用机理，评价科技政策实践是科技政策分析的核心内容。本书区分了科技政策分析的资料证据与经验证据，重点探讨了相关的数据与方法。资料证据主要包括科技统计数据、研究文献和政策条文。我们以 Meta 分析法分析了已有实证文献中研究结论差异及差异来源；以文本分析法定量分析了区域科技政策在政策效力、政策工具应用和政策协同度等方面的差异性，由此构建了政策效力和政策协同度两个变量，使用面板数据建模方法分析了两个变量对技术产出的作用力，并使用结构方程建模方法探讨了科技政策影响技术产出的路径。因此，本书的政策分析方法论不仅贡献于科技政策研究领域，且对公共政策中其他政策分析也有较好的借鉴意义。另外，本书在"证据"研究构架下，把科技统计研究当作一门研究收集证据、分析证据和评价证据的学问，涵盖了科技统计研究的主要内容，科技统计工作以服务于科技政策制定和实践评价为其目的，在大数据理念下，文本资料也是数据的一种类型，其中，文本资料量化方法及应用是关键。这也应是科技统计研究的主要方向。故本书也贡献于科技统计研究领域。

本书围绕《规划纲要》，主要组织了 2006～2013 年期间由国务院、全国人大常委会、科技部和财政部等部门，以及由地方政府等相应机构制定的一系列规划计划、法规条例、决定、办法、措施和相应的实施细则、意见建议等。并以中部六省为例，定量分析了六省区域科技政策的差异性，探讨了科技政策演变进程中，区域政策差异性对科技创新绩效的影响，以此探讨当前阶段科技政策作用的内在机理。研究发现，尽管我国行政管理体系具有"条块结合，上行下效"的特点，但科技政策在区域层面存在明显差异。科技政策通过正向作用于科技投入影响技术产出，其中，政策效力显著影响技术产出，政策协同度在控制了科技投入变量后，对技术产出有负向作用或无显著作用。我们认为，一方面，当前我国科技政策在制度设计上可能存在"重投入，轻产出"的缺陷；另一方面，尽管多部门参与了科技政策的制定和实施，然而这也可能意味着各类审批手续烦琐度有所增加，宣传力度又较弱。政策供给方和需求方存在信息不对称，政策内容与企业诉求有所脱节。然后，本书又以江西省为例，以问卷调查的方式了解了江西省科技政策实施现状和企业诉求，问卷结果支持了实证分析所得出的基本结论。由此，本书给出了为提高我国科技政策的政策质量在制定和实施等方面的参考建议。因此，本书具有较好的实践作用。

第 2 章
科技政策研究：一个基于证据的
分析框架

2.1　公共政策与科技政策

2.1.1　公共政策的基市概念

"政策"在《辞海》中的定义是"国家、政党为实现一定历史时期的路线和任务而规定的行动准则"。公共政策的内涵是研究政策学的基础，由于人们所处的时代及角度不同，对公共政策的认识具有差异性。陈振明（1998，2012）认为，"政策是国家机关、政党以及其他政治团体在特定时间内，为实现或服务于一定的社会政治、经济、文化目标所采取的政治行为或规定的行动准则，它是一系列谋略、法令、措施、办法、方针、条例等的总称"。

公共政策的要素主要包括公共政策主体、公共政策客体、公共政策目标、公共政策资源、公共政策形式等方面。公共政策的主体是指参与政策制定、执行、评估等政策过程的个人或组织。由于不同国家的经济、政治、文化各不相同，因而，公共政策主体所包含的内容和类别具有差异。公共政策既有主体，则必有客体。公共政策客体是指公共政策作用的对象，它包含三个层面的内容：公共政策客体第一个层面是政策制定并实施所要改变的状态，即社会公共问题。当某一社会问题涉及社会上很多人的利益并列上政府议事日程，它才能称为公共政策客体。公共政策客体的第二个层面是政策执行时直接作用的对象，是政策所规范、制约的社会成员，一般可称为公共政策的目标群体。公共政策客体的第三个层面是公共政策所要解决的人们之间的利益矛盾。政策所要调整和规范的就是人与人之间的利益矛盾关系。公共政策的目标是解决已经存在的社会公共问题，协调和处理公众的利益矛盾及冲突。公共政策目标是公共政策的关键要素，没有目标、目标模糊或目标错误将影响政策规划和方案选择，即便最终公共政策制定完成，政策也将或是无法执行，或是实施后会造成巨大的负面效应，更无法对政策加以评估。公共政策目标又是一个十分复杂的要素，政策目标的最终确定依赖于政府最初对公共政策问题的把握，也依赖于政策制定中各种利益群体的博弈结果，还取决于政府的资源配置。公共政策需要通过一定的形式表现出来，公共政策的形式主要有实现政策的手段、政策的表现形态等。实现政策的手段包括执行政策所需要的策略、项目、措施、方法和技术。在实施公共政策时，某一公共政策面对的是不同时间、不同空间分布的差异性政策客体。此外，在执行时所能利用的资源是不同的，政策执行者对政策目标的理解也各不相同，因而在实施同一公共政策时所采取的策略、方针、路线、措施可能多种多样。公共政策的另一类形式是其多种表现形态，如战略、方针、计划、规划、措施、方案、办法等。公共政策在颁布时，以行政效力不同可分为法律、行政法规、部门规章、地方性政府规章等。一般来说，战略、路线是长久的政策，规划、计划属于中长期政策，而措施和办法等属于短期政策。

公共政策以政策的结构层次为标准分类，可以对不同层次的政策进行研究。对政策的层次进行类型划分，有很多种方法。例如，按政策的制定主体划分，包括中央政策、地方政策、基层政策；按政策的适用空间来划分，包括部门政策、区域政策、单位政策；较有意义的分类是将政策分为元政策、总政策、基本政策、具体政策等。按政策的影响领域为标准分类，可以对不同内容的政策进行比较，可以分为政治政策、经济政策、社会政策、科技政策等类型。然而随着经济社会发展，公共政策内容多有交叉，近年来呈融合态势。

2.1.2　科技政策的定义及界定

1963 年，在日内瓦召开的联合国关于为欠发达地区提供适用科学技术会议（UNCAST）上，科技政策概念被正式提出，并被大多数国家采用，科技政策指的是"一个国家或地区为强化其科技潜力，以达成其综合开发之目标和提高其地位，而建立的组织、制度及执行方向的总和"。该概念建议一国政府设置专门的科技管理部门、设计并执行科技管理制度，推动科学技术进步，服务于国家政治目标。1978 年，法国学者萨洛蒙（Salomon）认为科技政策是"政府为促进科学技术研究的发展，并利用科技研究成果实现一般意义上的政治目标所采取的集中性举措"。科技政策成为实现某特定时期的国家政治目标的集中性措施。政策是在一定时期的历史条件与国情条件下推行的现实国策。早期科技活动政治关联性强，参与科技活动的主体一般被限定于特定组织与个人，政策的阶级性与时效性较强。

随着经济社会发展，科技发展也日益与人类生存环境、生活方式相联系。樊春良（2005）把我国科技政策定义为"政府为促进科学与技术发展以及利用科学技术为国家目标（国防、经济增长、社会发展、环境和健康等）服务而采取的集中性和协调性措施，是科学技术与国家发展的有机结合"。该定义把科技政策目标从单一为政治目标服务扩展到为经济社会发展服务，措施既具有集中性又具有协调性特点。自 2006 年至今，为落实《规划纲要》制定的"走自主创新道路，建设创新型国家"战略，我国出台了一系列配套政策实施细则，涉及科技投入、税收激励、金融支持、政府采购、人才队伍、教育科普、科技创新基地与平台等多个方面。实施细则内容涵盖了财政、金融、税收、教育和产业政策等，颁布主体涉及国务院、全国人大常委会、财政部、商务部、农业部、教育部、国税局、科技部等国家部门，以及地方政府机构。部分学者提出了创新政策、技术创新政策等概念，认为创新政策不等同于科技政策，创新政策包含了科技政策和与之配套的经济等政策（刘凤朝，2007

等）；而部分学者争辩，随着当代科学技术一体化、科学技术与生产一体化、基础科学与技术创新之间的联系愈加密切，基于科学、技术、技术创新、技术产业化等概念的政策实践常常包含在一起，科技政策应包括与之实施配套的各种措施手段，但并不是简单相加（邢怀宾，2005；赵筱媛，2007）；另有学者提出了公共科技政策概念，认为公共科技政策是一个综合体系，是政府为了弥补市场失灵，促进公共部门和私人部门的技术创新而制定的一系列干预、规制和引导科学研究、公共技术开发以及促进科学技术成果产业化的政策的总称（樊春良，2005）。科技政策目标包括了促进科学研究、技术创新和科技成果产业化三个层面。作用对象包括公共部门与私人部门，措施主要有干预、规制和引导等手段。在公共政策框架下，科技政策颁布主体与作用对象被明确，科技政策目标归位到促进科技发展与应用。

科学研究的目的是创新理论、发现知识；技术进步是知识积累应用的结果；而创新是对新知识发现及已有知识被创造性应用的行为过程的描述。换言之，只有通过创新，科学技术才能得以进步；只有通过创新，才能加快科学技术应用。知识发现、积累及应用需要全社会共同努力，终极目标是满足全社会日益增长的物质和精神需求。"大众创业，万众创新"被视为我国新常态下经济发展新引擎，但创新行为不一定与科学技术相关，创新包括为激励组织或个体主动地且有效率地参与生产劳动的有关利益分配的机制创新和有关生产组织的管理创新，因此，本书把科技政策定义为"由一国或地方政府机构为促进经济社会发展，基于社会需求在不同阶段制定颁布的，一系列用于规制和激励全社会从事知识发现、积累，及应用于技术创新行为的政策集合。包括规划计划、法规条例、决定、办法、措施以及相应的实施细则、意见建议等"。区别于其他科技政策概念，该定义主要具有以下四个特点：其一，关注了政策固有的稳定性与时效性的矛盾，科技政策作为一项公共政策，稳定性较弱而时效性较强，基于社会需求变化，新阶段新政策颁布，旧政策随即废止。其二，凸显了科技政策功能中的激励作用，与科技创新相关的经济（财政、税收与金融支持）政策与奖励政策应纳入科技政策范畴。其三，把政策作用对象扩展到面向全社会，包括公共部门和私人部门，以及公民个体。一般认为，科技政策作用主要对象是科研组织。然而，技术创新主体是企业，技术发明主体可能是公民独立个体。其四，归纳了当前阶段我国科技政策条文主要颁布形式，即规划计划、办法措施、意见建议等。

2.1.3 科技政策制定与政策体系

公共政策是一个由多种要素构成的系统，其中主要包括公共政策主体、客体和政策目标等。要素之间相互影响、相互作用。在我国，公共政策的直接主体是立法机关、行政机关，而间接主体是参政党、相关组织、公民等。我国政策制定主要是由政府主导，就科技政策制定主体而言，政策的制定由科技精英主导，有学者批评科技政策制定过程中普遍存在的理性建构主义，讨论科技政策制定过程中存在的寻租现象，提出打破原有的精英政策制定模式，加快向共同体政策制定范式的转型（李侠，2002、2003），要吸收和鼓励公众参与科技政策的制定过程（武夷山，2002）。部分研究关注了影响政策制定的一系列因素，如科技政策环境与科技政策之间相互影响、相互作用（杨健，2010），文化传统对我国技术创新政策的多层次影响（成良斌，2007），专利指标和舆论等在政策制定中的作用（吕力之，2000）。部分研究还关注了科技政策制定存在的滞后现象（王卉珏，2004；高峰，2014），提倡采用技术预见活动提高政策制定的科学性（万劲波，2002；任中保，2008）。近年来部分学者将视线转移到政策制定依据上。张正严（2013）梳理了公共政策的证据来源，探讨了基于证据的政策制定流程，认为"基于证据"是科技政策制定的新趋势。政策制定者应该扮演好适应者的角色，应根据区域的具体情况制定差异化的科技政策（赵林海，2012）。

自 2006 年以来，参与制定科技政策的部门众多，主要包括全国人大常委会、国务院、科技部、国家发改委、财政部、教育部等国家机关，以及地方政府相关部门；政策内容涵盖了财政、金融、税收、教育等经济社会发展的方方面面。国家和地区两个层面的科技政策系统同时存在，我国科技政策体系的复杂性决定了对其研究的多样性。刘凤朝等（2007）基于 289 项国家层面的创新政策，从类别和法律效力两个维度，分析了 1980～2005 年的我国科

技政策向创新政策演变的过程和趋势；郑代良（2010）对改革开放以来中国
高新技术政策的数量、主题分布、制定的主体等进行统计分析。诸多学者对
地区层面的科技政策内容、创新性、系统性等进行统计和比较分析（汪涛，
2011；高峰，2013）。另有部分学者借鉴公共政策中的政策工具研究方法，立
足于我国科技政策制定与参与制定的部门，对我国科技政策进行分类，目的
是架构政策分析体系。

政策工具是实现政策目标的手段，科技创新政策工具分为供给面、环境
面与需求面三个层面。赵修卫（2006）将科技创新政策的手段分成四种类型：
技术手段、财政资源手段、产业和社会的组织管理手段、综合性直接性手段，
并认为创新政策手段的设计和应用越来越具有合作导向性质；胡明勇等
（2010）认为，政府资助技术创新的政策工具主要可分为三类：公共研究、直
接资助私人部门的技术创新、税收优惠。我国科技创新政策存在创新政策体
系不完整、创新政策不匹配、创新政策与实际需求不一致等问题，并且创新
政策研究和创新政策管理存在问题是导致这些问题的主要原因（任锦鸾，
2007）。

政策群是一国或地方政府在一定时期制定并实施的理念同源、导向相近、
内容各有侧重的一组政策集合体（张勤，2000；汪霞，2010）。政策群理论被
认为是近年来政策分析领域的一个新兴的具有较强本土化色彩的理论工具，
应用于政策体系构建能较好地弥补政策研究中缺乏对政策本身进行分析的缺
憾（薛立强，2011）。从广义角度将公共科技政策工具的结构层次分为战略
层、综合层、基本层三个层次（赵筱媛，2007），是按照政策制定和执行的层
次对公共政策进行纵向分类的方法的拓展；将科技政策工具分为科技计划和
战略规划、科技财政政策、金融科技政策、人力资本存量、知识产权保护、
其他支撑性制度（沈旺，2013），实际上是政策群理论在科技政策体系构建中
的一个应用。

2.1.4　科技政策执行与政策评估

政策评估以政策实施过程的阶段来看，主要包括对政策方案、执行过程

及政策效果三个过程的评估。从方法论角度来看，政策评估包括实证主义政策评估和事实评估。赵莉晓（2014）将事实评估与价值评估相结合，将"政策制定—政策执行—政策效果"全过程纳入创新政策评估，建立了科技政策评估的理论框架。我国科技政策的行政执行体系具有"自上而下，层层传达，上行下效"的特点，地方科技政策与国家科技政策条文主题和时间基本同步。然而，科技政策在执行中存在诸多问题，信息不对称使政策无法落实并导致政策执行领域的逆向选择从而导致政策失灵（吕燕，2014），需要关注科技创新政策执行中存在的障碍、科技创新政策执行偏差现象及其原因（齐书宇，2013；陈德权，2013）；关注企业响应创新科技政策的行为机制流程和机理（李晨光，2013）。

　　绩效评估离不开绩效指标，绩效评价的首要工作是选取绩效指标，构建评价指标体系。然而，即使是同一套指标体系，选择不同的综合评价方法可能导致不同结果。不同学科背景与不同应用领域的研究者提出和主张不同的综合评价方法，主要包括模糊评价法、多元统计法、层次分析法、数据包络分析法和智能评价法等，涉及学科包括数学、统计学、系统工程学与计算机学科等。大部分综合评价文献集中于"经济管理领域"，综合评价方法的热点应用领域是绩效评价。然而，绩效评价目的是激励，委托人给予代理人相应报酬；实施绩效评价的原因是代理人与委托人利益不一致，信息不对称。大多数综合评价方法忽视了绩效评价的原因及目的而欠缺理论依据，较少被应用于绩效评价实践（章刚勇，2016）。目前，国内研究主要基于价值标准构建评价指标体系，以事实标准评价政策的研究较少（刘金林，2011）。大多强调"效果评估"（事后评估）。在研究中更多的是首先构建科技政策评估模型和指标体系，再运用构建的模型和指标体系进行政策实施效果评估，匡跃辉（2005）对科技政策实施效果评估的基本理论和方法进行了初步的探索。科技政策评估模型和指标体系的构建也是理论研究的一方面，肖士恩（2010）选择创新型社会标准、地域性与协调性标准作为政策评估的重要标准，构建了地方科技创新政策评估指标体系，提出了评估方法；彭富国（2003）运用模糊数学理论构建了技术创新政策评估的模型，阐明了政策效果评价指数的具体计算方法，同时设计了技术创新政策效果评估的指标体系，并对全国各省技术创新政策效果进行评价；李国平（2009）建立了一套基于科学性、目标成效和综合效应的地方科技政策法规绩效评估的评价指标体系，并对《苏州市人民政府关于促进软件产业发展的若干意见》政策法规进行了绩效评估。科技政策实施效果评估的实证研究近年来得到长足的发展，评估模型上一般借鉴国外科技政策绩效评价模型或借鉴其他学科的评估方法。DEA 效率评价模型运用很多，吕明洁等（2011）运用 DEA 测算了各个省份高技术产业政策的绩效并分析了其收敛性；冯锋（2011）和聂鹏（2013）基于协同创新的视角，采用 DEA-Malmquist 指数分析法分别对泛长三角区域和环渤海区域科技政策绩效进行实证研究；陈秋英等（2014）利用 DEA 分析方法的 C2R 模型、BC2 模型和 Malmquist 指数分析厦门、漳州、泉州三市的科技政策绩效。另有学者采用模糊集合论方法对某省或某一区域技术创新政策效果进行评价（刘晓娥，2008；闫军印，2013）。系统工程方法也是价值评估中运用较多的一种方法，张凌（2008）采用集对分析评价模型对黑龙江技术创新政策进行效果评价，并进一步对省际的效果进行排序。潘鑫（2013）采取静态和动态偏离份额分析法，对《规划纲要》实施后各地区科技实力的变化情况进行分析，并判断政策是否对不同地区的科技发展起到了相同的促进作用。

另外，在政策评估中较常使用专家访谈法。肖士恩等（2003）运用访谈科技创新政策的制定和执行部门的办法，根据访谈资料，运用定性分析和定量统计相结合的方法对科技政策评估理论与方法进行了分析；张楠等（2010）对 ICT 行业的 16 家企业进行半结构化访谈，从企业反馈的角度探讨了现行科技政策体系作用效果和不足之处。总之，科技政策绩效评价已有的相关研究文献，一般采用政策实施后果代替政策本身，并由此建立评价指标体系，未能把政策内容量化，纳入指标体系，这实际上忽略了政策本身，无法评估科技政策的实际作用效果。将政策量化并引入计量经济模型的实证研究相对较少。

一项政策其影响的广度和深度很难在某一期间被准确和客观地评估，评估结果受评估者操纵和受评估方法影响，又具有不同的或有争议的评估结果；相比而言，在政策执行过程中，若能制定一系列执行标准，并能落实到相关经办人和责任人，设计适当的监测评价机制，由第三方机构动态检测评价，在现阶段不失为一种较为务实的促使政策落地的手段。而相关方法论及其应用研究较为匮乏①。

2.2　科技统计与科技政策

科技统计的研究目的是满足科技宏观管理需要，服务于科技政策制定和评价；研究对象是科学技术活动总体的数量特征和数量关系②。一般认为，科技统计是统计的分支，是用统计的方法对科学技术活动的规模和结构进行定量的测定，是对一国范围内科技活动的规模、结构及功能进行连续的年度数量测定，为国家科技政策的制定与评价提供准确、系统的年度科技统计数据及统计分析报告。科技统计的研究内容可分为三个层次：第一层次，研究如何有效准确地收集基础数据，包括科技统计制度、调查方法的设计、数据质量评价等；第二层次，研究构建科技指标体系，分析科技活动规模、结构和布局的总体数量特征和关系，评价科技活动效率；第三层次，探索和应用定量方法研究科技政策作用机理，评价科技政策实践，为新一轮科技政策制定提供依据。自 20 世纪 70 年代末起，我国经过不断努力，形成了比较完整、系统的统计调查制度和稳定的调查指标体系，逐步形成了一套比较完善、规范并与国际接轨的科技统计指标体系和统计制度（刘树梅，2007），我国科技统计研究大多侧重于研究科技创新测度指标体系构建、科技创新能力或科技活动绩效评价（章刚勇，2010），已有研究成果比较集中在研究内容的第二层次的应用研究，而第一层次的基础研究以及第三层次的科技政策定量分析研究较少。

2.2.1　研究主题

中国学术期刊数据库③收录了国内 7000 多种学术期刊，其中包含中文核

---

① 章刚勇（2015）在其论文《基于神秘顾客调查的服务质量研究：兼论市场研究学术与实践之间的差异》所讨论的神秘顾客调查方法及其应用对于政策执行检测方法及实施有一定的借鉴作用。
② 科技统计概念与功能，引自中国科技统计官网（www.sts.org.cn）。
③ 资料来源：中国知网，www.cnki.net。

心期刊 1800 多种，涵盖了哲学、社会学、经济、文化教育、数学、计算机学
科等社会科学和自然科学主要研究领域。我们首先以中国学术期刊论文数据
库为考察对象，把检索范围设置为核心期刊，把论文发表时间设定为 2006 ~
2013 年，分别以"科技统计""科技政策""创新政策""科技进步""科技
创新""技术创新"为研究主题词精确搜索，对各年已发表论文篇数进行了统
计。随后，在核心期刊中，以"科技"或"创新"为主题词，搜索相关论文
为研究对象，并在论文摘要中以某类主流统计方法为关键词搜索，对研究论
文所采用的统计方法进行了归纳。统计结果如表 2.1 和表 2.2 所示。

表 2.1　　　　　　　2006 ~ 2013 年我国科技创新论文研究主题分类　　　　单位：篇

研究主题	2006 ~ 2009 年	2010 年	2011 年	2012 年	2013 年
科技统计	58	26	25	25	30
科技政策	361	97	125	154	172
创新政策	269	113	93	123	144
科技进步	2312	590	581	593	514
科技创新	3160	985	1005	1091	1174
技术创新	7130	2055	2262	2057	2101

表 2.2　　　　　　　2006 ~ 2013 年科技创新论文统计方法分类　　　　单位：篇

研究方法	2006 ~ 2009 年	2010 年	2011 年	2012 年	2013 年
主成分分析	185	48	48	61	56
因子分析	239	97	96	89	113
聚类分析	109	52	36	41	63
数据包络分析（DEA）	204	130	135	159	155
层次分析（AHP）	260	108	83	107	136
结构方程（SEM）	148	90	78	94	105
回归分析	140	57	69	77	91

"十一五"期间（2006 ~ 2010 年）中文核心期刊中，以"科技统计"为
研究主题的已发表论文合计 84 篇；以"科技政策"和"创新政策"为研究主
题的论文篇数为 840 篇；而以"科技进步""科技创新"和"技术创新"为
研究主题的论文篇数合计 16232 篇。三者之间的比率约为 1：10：193，以科技

统计研究或以相关政策研究为主题的研究成果较少。在"十二五"期间（2011～2013年），以科技统计或政策为研究主题的学术论文有所增加，但成果发表数量仍远低于以其他三方面为研究主题的论文数。以"科技"或"创新"为主题的定量研究中一般都使用了科技统计指标，或构建评价体系应用于科技创新能力或科技活动效率评价，或探讨影响科技创新能力或绩效的影响因素。然而，即使以"科技统计"为专门研究主题的已发表论文的研究内容多为描述科技统计工作意义或实践，科技统计研究内容的第一层次的基础研究和第三层次的政策研究亟须加强。从表2.1中还可以发现，我国研究科技创新的论文呈现另外两个特点：其一，政策研究论文数量逐年增加，我国科技统计工作实践者和专家学者对政策研究逐渐重视，涌现了大批研究成果，科技政策研究与创新政策研究平行发展，我国科技政策有向创新政策演变的趋势（刘凤朝，2007）；其二，比较以"科技进步""科技创新""技术创新"为研究主题的论文数，发现以"技术创新"为主题的论文数量相对较多，我国的科学技术研究主流近年来转向"以技术为先导"的技术创新研究。

2.2.2　研究方法

在梳理2006～2013年我国科技研究相关研究主题论文中发现，以"科技"或"创新"为研究主题的已发表论文大多以规范研究法为主，部分实证研究论文虽然并未出现"科技统计"主题词，但大多数使用了科技指标数据，尤其是R&D投入指标、专利申请批准数等，甚至被应用于会计金融等相关领域微观层次的研究。进一步以2006～2013年期间"科技"或"创新"为研究主题的核心期刊刊登的论文为研究对象，在论文摘要中以某种主流统计方法为关键词搜索，对论文所采用的统计方法进行归类和统计，如表2.2所示。其中，涉及的研究方法主要包括主成分分析、因子分析、聚类分析、数据包络分析、层次分析、结构方程模型和回归分析法。其中使用主成分分析、因子分析和聚类分析等传统的多元统计方法的论文篇数为1333篇，研究主题集中于区域或行业科技创新能力测度或竞争力评价；使用数据包络分析和层次分析法的论文篇数为1477篇，研究主题集中于科技创新能力评价、科技资源使用效率、全要素生产率测算。这类统计方法特点多为模糊评价，评价科技创新绩效或科技创新效率等。结构方程模型与回归分析法一般被应用于研究因果关系或影响因素等，在研究对象中，采用结构方程模型等回归分析法的论文篇数为 515 篇，采用回归分析法研究的论文篇数为 434 篇。一般被应用于研究科技发展、创新能力或绩效的变化及其影响因素。注意到：其一，虽然科技创新相关实证研究采用了多种定量研究手段，但研究主题仍集中于第二层次的应用研究，以科技统计的第一层次和第三层次的研究内容的研究成果相对较少；其二，定量研究法以传统统计方法主成分分析、因子分析、聚类分析、层次分析为主，亦属于科技统计指标应用研究范畴；其三，以回归分析为主的计量经济分析技术应用相对较少。另外，组合多种统计方法应用于某一研究主题是定量研究方法的应用趋势。

2005～2010 年科技创新研究突出了"十一五"期间的"走自主创新道路，建设创新型国家"的政策主题，同时也丰富了科技统计理论，推进了科技统计的实践和发展。研究主题多侧重于科技进步、科技创新、技术创新等方面，"科技和创新"是主题，但表述却多样化；针对某一主题所采用的实证研究成果较多，但研究结果基于不同地区或不同年份的样本差异或统计方法差异缺乏可比性。大多数科技管理和科技评价研究中使用了科技统计指标，而科技统计研究内容的第一层次，以及关于数据质量评价研究和第三层次关于科技政策分析的定量研究相对较少。

科技统计研究目的是满足科技宏观管理需要，服务于科技政策制定和评价。为适应科技发展和全球竞争需要，世界各国加强了对科技政策的研究，科技政策研究显示出专业化趋势，各国根据本国国情和科技战略在科技政策研究内容方面各有侧重（王景文，2000）。我国科技政策研究经过 20 多年的发展，研究内容已从单纯的科技政策走向与产业政策、财政金融政策、教育政策相融合的广阔领域（盛建新，2002）。邢怀滨（2005）评述和比较了公共科技政策分析理论进路，提出了一个公共科技政策分析整合的概念框架。我国科技政策研究以规范研究法为主，或探讨科技政策伦理，评估标准和方法（匡跃辉，2005；李侠，2006）；或探讨构建科技政策分析体系或框架（刘启华，2007；赵筱媛，2007）；或探讨其他国家科技政策经验及其对我国的借鉴和启示（郑宇冰，2013；樊春良，2013）。实证研究一般以技术创新政策为研究对象，以创新政策演变与创新绩效为其研究内容。刘凤朝（2005）基于289项创新政策，从内容和法律效力两个维度，分析了1980~2005年我国科技政策向创新政策演变的过程和趋势；彭纪生（2008）以423条创新政策为研究对象，程华（2013）以454条创新政策为研究对象，通过把政策变量引入Cobb-Douglas生产函数，对创新政策演变、政策力度、政策稳定性和创新绩效进行了研究；赵良浩（2013）区分了科技支出、采购和投资三项创新政策，对我国科技创新绩效的区域异质性进行了研究。实证研究中所采用的政策测量是对格雷（Gray，1978）所提出的科技政策量化方法的应用拓展。另有学者借鉴美国国家总评估办公室（GAO，1989）所提出的文本分析法（content analysis），分析了北京市科技政策演进过程（汪涛，2011）以及天津市科技金融政策完善度、创新度和强度等（高峰，2013）。

截至2013年，我国科技统计指标的数据质量定量评价研究成果仍只停留在少数几篇论文。成邦文（2000）认为，我国各省市研究机构的R&D经费等指标数据在横截面上具有服从对数正态分布规律，并采用K-S检验法加以验证。章刚勇（2013）提出，在社会经济稳定和统计调查制度稳定的前提下，一国的R&D投入指标的时序数据应具有服从正态分布的特点之观点，并以经验实证法加以了论证；然后从指标数据正态分布特征出发，对我国R&D经费、R&D/GDP指标的数据质量进行了评价。

2.3　基于证据的科技政策分析框架

政策分析具有学术上及实务上的双重功能：一方面，政策评价的信息可以积累解决政策问题的社会科学知识；另一方面，可以为决策者提供更充分的政策信息，制订优良的政策方案。公共政策分析在公共政策过程中发挥着四个方面的作用：第一，提供政策运行的可靠信息，提升政策质量；第二，检查政策目标与政策执行存在的问题；第三，作为提出政策建议和分配政策资源的依据；第四，向各利益相关者提供政策信息，构建良好的公共关系。

英国政府于 1999 年把公共政策分析中所采用的证据描述为"专家的知识、现有的研究成果、统计资料、利益相关者的咨询意见、以前的政策评价、网络资源、咨询结果、多种方案的政治成本估算、由经济学和统计学模型推算的结果"，主张"基于证据"作为政府制定政策的基本理念之一。基于证据的政策制定与实践是政策分析范式的应用拓展，该种政策分析的新方法已深刻地影响欧美发达国家的公共政策制定（张正严，2013）。

科技统计以服务于科技政策制定和实践评价为其研究目的，我们借鉴公共政策分析思想，提出一个基于证据的科技政策分析框架（见图 2.1），把科技统计当作一门研究收集证据、分析证据和评价证据的学问，涵盖了科技统计研究的主要内容；把已有研究成果、科技政策文本纳入为科技统计研究对象，和科技统计指标作为科技政策分析的主要资料证据，基于证据的科技政策分析为新一轮政策制定与实践提供经验证据。本章重点探讨了相关的数据与方法，指出定性资料量化方法及应用是政策分析的关键，而综合定性资料量化结果与科技统计指标，使用合适的计量经济建模技术，探讨科技政策作用机理，评价科技政策实践是科技政策分析的核心内容，也是科技统计研究的主要方向。

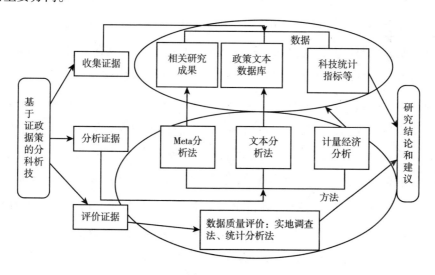

图 2.1　基于证据的科技政策分析框架

资料来源：笔者绘制。

科技统计研究内容可划分为三个层次，而我国科技创新主题的定量研究多集中于第二层次，应用科技统计指标，评价科技活动效率或绩效。科技政策是公共政策的分支，我们提出一个包含科技统计研究三层次内容，基于证据的科技政策分析框架。如图 2.1 所示，图中两个椭圆所包含的部分，分别是科技政策分析所涉及的基础数据与定量分析方法。基于证据的科技政策分析把科技统计当作为科技政策制定和实践提供证据的一项工作，把科技统计研究视为探讨收集证据、分析证据和评价证据的方法及应用的一门学问。正式的政策分析要求广泛地收集资料证据，并要求证据到结论之间的证据分析能够采用科学的定量分析技术。证据总量不够、证据质量不高（张正严，2013）和证据组织应用不足是导致我国科技政策质量历来不高的主要因素。

2.3.1　证据构成与收集

我国各时期制定的国家层面科技政策以及各地区结合区域特点分别制定的地方科技政策法规、专家学者研究成果和科技指标数据等构成科技政策分析的主要资料证据。2006～2013 年，我国发布了系列《规划纲要》配套政策实施细则，主要涉及科技投入、税收激励、金融支持、政府采购、人才队伍、教育科普、科技创新基地与平台等十个方面。各地区围绕实施细则，结合区域特点分别制定了相应的地方政策法规。继"十五"以来，我国科技政策数量呈不断增加势态，参与部门数也逐渐增多。科技政策研究组织机构也越来越多，研究规模越来越大，涌现了大批的研究成果（盛建新，2002）。科技统计研究随着科技管理工作侧重点不同会有所改变，科技统计指标体系进一步完善，统计方法在科技管理和评价中的应用仍将是科技统计研究的重要内容。然而如何收集整合已有研究成果，以获得较一致结论，以及如何把文本定性资料数量化，和科技统计指标一起构成政策分析的基础数据（如图 2.1 所示，上方椭圆所包含内容）是科技统计研究面临的新问题。正式的政策分析强调定量研究法的核心作用，定性资料量化方法与应用是关键。

1. 科技政策研究成果

政策研究论文数量逐年增加，我国科技统计工作实践者和专家学者对政策研究逐渐重视，涌现了大批研究成果。据表 2.1 统计，"十一五"期间（2006～2010 年）中文核心期刊中，以"科技政策"和"创新政策"为研究主题的论文篇数为 840 篇；2011～2013 年论文篇数为 811 篇。但相关研究成果多以规范研究法为主，或探讨科技政策伦理，评估标准和方法；或探讨构建科技政策分析体系或框架；或探讨其他国家科技政策经验及其对我国的借鉴和启示。以定量研究法的研究成果相对较少。各文献采用的研究方法、研究区域、研究年限等方面也不尽相同，导致研究结果大相径庭。我们以"科技政策实证"和"创新政策实证"等为搜索关键词，为确保文献质量及严谨性，仅对 SCI、EI 及 CSSCI 论文进行搜索，共检索到论文 187 篇，构成了要研究的相关研究成果证据。

2. 科技政策条文

2006 年中国科学与创新会议的召开以及《国家中长期科学和技术发展规划纲要（2006～2020 年）》的颁布标志着我国国家创新体系建设进入新时期。《规划纲要》体现了我国政府为实现经济可持续增长、寻求以创新为驱动的经济发展，以及增强自主创新能力所付出的努力（刘树梅，2007）。围绕《规划纲要》，国家各主要部委、地方政府部门分别制定了部门（地方）中长期科技发展规划纲要，"五年"科技发展规划等系列专项规划计划。为落实《规划纲要》制定的"走自主创新道路，建设创新型国家"战略，国家及地方政府机构又相继制定颁布了系列用于规制和激励全社会创新行为的法规条例、措施办法、意见建议等科技政策。参与制定部门包括全国人大常委会、国务院、科技部、国家发改委、财政部、教育部等国家机关，以及地方政府相关部门；政策内容涵盖了财政、金融、税收、教育等经济社会发展的方方面面。科技政策已日益形成一个结构庞大，内容庞杂的政策集合。

根据科技政策定义，厘清科技政策体系，按一定规则，收集政策并归群分类，构建文本数据库具有较好的理论价值和实践作用。研究如何收集及结构化组织政策条文，构建科技政策文本数据库，是科技政策研究的基础。收集、辨识和归类非科技部门颁布的外围科技政策是难点，由于科技政策体系结构庞大、内容庞杂，并且存贮于不同部门的数据库中。收集和区分科技政策工作繁杂。我们试图把工作程序标准化，使收集的科技政策条文较为全面而又具有较少争议性，研究结果可基本复制。

3. 科技统计指标

自 20 世纪 70 年代末起，我国经过不断努力，形成了比较完整、系统的统计调查制度和稳定的调查指标体系，逐步形成了一套比较完善、规范并与国际接轨的科技统计指标体系和统计制度，培养了一支具有专业化水平的统计人员队伍。国家和地方科技统计部门每年都定期组织科技统计调查培训工作，召开科技指标体系研讨会，公开出版科技统计年鉴，并通过官网发布国内外相关动态以及科技统计分析与研究报告。本书研究中的科技指标数据主要来源于中国科技统计主要指标数据库（http：//www.sts.org.cn/）。

2.3.2　证据组织与应用

科技政策是政府为弥补市场失灵，促进公共部门和私人部门的技术创新，而制定的一系列干预、规制和引导科学研究、公共技术开发以及促进科技成果产业化政策工具的组合（盛建新，2002）。科技政策内容导向、颁布部门和政策工具组合形式等影响政策执行力度、科技投入结构和产出效率（刘凤朝，2007、2009）。在渐进式转轨经济改革进程中，各地区市场发展极不平衡（王小鲁，2004），区域经济社会发展和创新能力存在差异（周立，2005）的背景下，是否有证据说明，各地区科技政策内容和形式存在显著差异，有差异的科技政策是否对科技创新产生不同影响？更进一步，科技政策又是通过何种机制发挥作用？科技政策从制定实施到作用于科技活动再到产出过程中的因果关系，地方政策法规的中介作用、层级效应需要实证检验。组织应用证据于探索我国科技政策演变进程中，各地区政策差异性及其对科技创新的影响，研究科技政策发挥效用的内在机理，评价科技政策实践是政策分析的核心工作。

相关研究成果、科技政策文本和科技进步监控数据构成了科技政策分析的资料证据；采用 Meta 分析法对相关研究成果梳理、归纳；采用文本分析法对已有的科技政策资料进行分解、译码量化；结合 Meta 分析结论、文本分析结果和科技统计指标数据等，采用合适的计量经济建模技术，对科技政策定量分析可以为新一轮科技政策制定和实践提供经验证据。

1. Meta 分析法

Meta 分析法是解决如何从众多文献中得到较为一致的结论这类问题的一种新的将定性分析和定量分析相结合的文献综述法（王雅杰，2008）。我国有关科技政策方面的论文数量不断增多，在以科技管理为研究主题的实证论文的结论部分一般都有政策评价或建议。这些研究成果是科技政策分析证据的重要组成部分，但各文献所采用的研究方法、研究地区、研究期限的差异，可能导致研究结论存在争议，甚至大相径庭。使用 Meta 分析法可以分析结论差异及差异来源，Meta 分析法在国外已经得到广泛应用，但在我国的社会科学研究中还是比较少见。

Meta 分析法的思想可追溯到英国统计学家卡尔·皮尔逊（Karl Pearson），其 1904 年在血清接种预防作用的研究中，对样本进行平均值计算，以检验疫苗对降低死亡率的有效性。此后，国外学者已将其广泛运用于社会科学研究中。Meta 分析法在经济学领域的应用，最早源于斯坦利和贾雷尔（Stanley & Jarrell，1989）提出的 Meta 回归分析，它主要用于解释研究成果产生异质性的原因，并由此带动了 Meta 分析法在经济学领域的快速发展（Stanley，1989）。Meta 分析法在国内广泛应用于循证医学研究，在经济学领域的应用范围也逐渐扩大，例如，对各类影响企业绩效因素的研究（曾萍，2012；王良，2013；王希泉，2015），对企业创新影响的研究（谢洪明，2012；廖勇海，2015；刘程军，2015），FDI 溢出效应的研究（王万珺，2010；张中元，2012），汇率失调程度的研究（王雅杰，2012）。有学者收集政府 R&D 投入对企业研发支出影响的相关文献，并运用 Meta 分析法进行相关研究（锁颖馨等，2011；许治，2012），但研究对象仅限于政府 R&D 投入，并未涉及更多科技与创新政策。

2. 文本分析法

文本分析法是扎根理论在政策分析中的实际应用（GAO，1989），其核心思想为：把资料分解、概念化（译码），然后以新方式将概念重新组合，其目的是从资料中摘取议题，或由几个松散的概念发展出描述性的理论框架。文本分析法要求将政策文本按标准化格式收集和组织信息资源对信息概况进行描述和频数统计。列出编码目录是把文本内容数量化的关键步骤，复杂的文本分析需要编写数据字典。通过文本分析可从历史数据源中提取和获悉新观点，有助于了解真实的事件范围和验证其他方法的有效性。目前该方法已发展到语义语境识别，应用到经济金融等研究领域①。2006~2013 年，我国发布了系列《规划纲要》配套政策实施细则，各地区结合区域特点分别制定了地方科技政策法规。收集和汇编文本资料，可以以国家层面的《规划纲要》配套政策实施细则为条线，按时间、地区、参与制定部门和标题等对科技政策文本内容分类，列出编码目录，厘清各阶段各层次科技政策隶属主从等关系，结构化组织文本内容。

文本分析法最早产生于新闻传播学领域，文本分析法是一种从本文（或者其他意义体）到它们使用环境进行可重复、有效推论的研究方法（Krippendorff，2004）"可重复"的要求是强调文本分析需要系统的规范；"有效"要求整个文本分析过程中的抽样、解读和分析，不但要满足内在效度即准确度，而且要满足外在效度，即结论的可推广性。许多学者对文本分析进行过定义，虽然定义各有差异，但都认同文本分析的系统性、客观性、可重复性等；而对于定量性问题，尽管部分学者主张应将非定量性的文本分析排除在文本分析法之外，用文本分析、语义分析等名词代替之（Berelson，1955 等），克雷

---

① 比如：（1）Kothari et al. （2009）. The Effect of Disclosures by Management, Analysts, and Financial Press on the Equity Cost of Capital：A Study Using Content Analysis. Accounting Review 84, 2009. （2）Feng Li （2010）. The Information Content of Forward -Looking Statements in Corporate Filings—A Naïve Bayesian Machine Learning Approach. Journal of Accounting Research, 2010, 48.

宾多夫（Krippendorff，2004）却认为不应进行定性与定量的区分，所有对文本的阅读都是定性的，即使文本的某些特征被转化成数字。研究的目的是定性，其方法则可分为定性或定量，文本分析法是一种对文献内容进行系统的定量与定性相结合的一种语言分析方法，目的是分析清楚或者说测度出文献中有关主题的本质性的事实及其关联的发展趋势。文本分析法是一种分析文本材料的结构化方法，可通过一系列的转换范式将非结构化文本中的自然信息转换成为结构化的信息，进而可进行定量分析。美国国家总评估办公室（GAO）在 1989 年出版的《内容分析：一种组织和分析书面材料的方法》（*Content Analysis: A Methodology for Structuring and Analysis Written Material*）一书系统地提出了一种文本分析方法，即以标准化的格式收集和组织信息资源，从而对信息概况进行描述和频数统计。该方法的工作程序如下。

（1）决定是否采用文本分析法。是否采用文本分析法，首先，对目标进行界定，基于一些可获取的数据和客观项目的需要，确定关注的问题大概是什么，为什么关注这个问题；其次，确定使用什么材料进行分析，收集的文本的信息量必须充分回答所要研究的问题。

（2）确定哪些文本应被列入文本分析当中。当文本数据巨大、研究耗资过甚时，应当采取科学的抽样方法，以确保以较小的样本代表所研究母体的特质。

（3）选取分析单元。在文本分析法中，文本的字、词和句子可以被编录和分类，这些被放到某项类目中的具体内容被称为编码单元。分析单元是指最后进行分析的单元，可以是由这种字、词汇和句子编录的最小的信息单元，也可以是通过合并等处理方式得出的单元。由于内容较丰富的文本单元难以迅速地进行精确的文本分析计量，因此，选取分析单元时，篇章、段落、小节、句子乃至词语都能够作为较合适的选择。选取细化的分析单元，有利于甄别内容上的细微变化。

（4）列出编码目录。此步骤需要建立格式化的编码类目和建立定量测度指标。类目是根据研究的需要而设计的将文本内容进行分类的项目和标准，类目要做到详尽全面且相互之间不能包含或重叠。编码常用于距离、频数和密度等量化测度，因此有必要建立定量测度指标对类目进行测量。在文本分析法中，按照测量的尺度来分，包括类名尺度、定序尺度、等距尺度、比例尺度，一般运用这四种尺度对类目进行测量。

（5）对文本进行编码。对文本进行编码可用人工或计算机完成，分析人员需要编写必要的说明书，以对编码者进行训练。说明书应当包括以下基本内容：定义分析单元，包括确认分析单元的程序步骤；变量及取值范围描述；数据分类存放分析过程的要点和框架；如何使用和管理数据表单。在实际编码开始之前，需要进行预测，即分析人员对一部分将被分析的材料进行实验性编码，并检测、校对编码分类和指令。预测能够帮助分析员确定编码是否清晰和专业化、编码指令是否充足全面、编码者是否适合此工作等问题，在此过程中分析员需要进行信度和效度检验。

（6）分析和解释结果。在文本信息被转换成可用的格式后，分析人员根据编码设计可以使用许多统计方法进行分析和解释后果。

3. 计量经济分析法

将政策量化，并把计量经济建模方法应用于我国科技政策分析的相关研究较少（赵筱媛，2007）。把计量经济分析法应用于我国科技政策分析有三个难点：其一，我国科技政策的理论研究不足，尚未形成一套公认的概念框架或"范式"，对科技政策中的政策战略、决策过程、政策评估等理论问题的研究还是十分薄弱（盛建新，2002），缺乏理论支撑的计量模型说服力不强；其二，科技政策作用机理、传导机制不明，以及与其相互配合的产业政策、财政税收等政策之间的协同机制也不甚明确；其三，科技政策实施的效果难以度量。尽管现有的科技统计指标体系能反映科技活动规模、强度和结构等数量特征，但科技政策直接或间接作用于经济社会的一些因素难以量化，比如产业结构调整程度、企业家创新精神、人们的生活质量、社会科技意识、社会创新环境等。因此，一方面，科技政策是公共政策的分支，有必要把公共政策分析理论引入科技政策分析；另一方面，经济社会政策分析中借助于递归与非递归因果模型（nonrecursive causal models）、面板数据因果分析（Steven，1995）、中介作用分析（mediation analysis）、多层次模型（multilevel modeling），以及双差分模型（周黎安，2005）成功经验可以引入科技政策分析。科技政策从制定实施到作用于科技活动再到产出过程中的因果关系，以及地方政策法规中介作用和层级效应等，需要构建合适的代理变量（Proxy）和计量经济模型。我国科技政策演变过程中形成的各阶段政策差异（刘凤朝，2007），各地区科技政策完善程度、强度差异等，创新绩效的异质性（赵良浩，2013），为模型设定提供了支撑。结合 Meta 分析结论、文本分析结果和科技统计指标数据等，采用合适的计量经济建模技术，对科技政策进行定量分析，可以为新一轮科技政策制定和实践提供经验证据。

2.3.3 证据质量评价

联合国教科文组织（2002）指出，各国在制定国家科技政策时有必要获取可靠的科技统计数据。对科技政策的效应和对预期目标实现程度的客观评价离不开科技统计指标，数据质量的优劣将影响到对科技政策实施效果的评价，必将影响新一轮科技政策的制定；而科技政策的效力又可能因人为等因素在一定程度上影响数据质量（章刚勇，2013）。科技政策借助于考核评比等方式落地，企业为争取创新优惠政策，都可能造成人为干扰统计指标，使得部分统计数据失真。由利益相关者操控的分析、论证、宣传或炒作本身也构成了证据，社会现象中诸多如意识形态、经验、利益相关等因素都可能污染证据（张正严，2013）。科技统计指标数据质量评价是科技统计研究的重要工作，评价的目的是控制。统计数据质量一般被认为是统计信息对用户需求满足的程度。随着中国经济的快速发展及国际地位的提高，官方统计数据的用户越来越多，但统计数据质量问题一直是困扰中国统计部门的难题。

我国科技统计工作体系涉及统计局、科技部、教育部、国防科工委等多个部门，大部分调查制度采取"地方为主，部门为辅，条块结合"的方式进行（施建军，2002），数据采集的主要方式一般是由从事 R&D 活动的基层单位上报，地方科技局收表、录入审核，省科技厅收表审核汇总，最后上报科技部审核汇总。借鉴统计数据质量评估的一般方法，科技统计数据质量评价的主要方法有：其一，探讨科技指标之间的逻辑关系并利用其来识别科技指标数据是否失真，计算科技指标时，有些基础数据被多次使用，科技指标之间存在一定的关联规则；其二，考察科技发展的内在规律性，对历史数据计量建模，通过比较模型拟合的预测值和实际值，找出异常值，并对异常值的误差进行检验；其三，采用统计诊断的方法对科技统计数据的统计分布特征及异常点进行分析，以此来评价科技统计数据质量。

第3章
科技政策与技术产出：一个基于 Meta 文献分析法的应用研究

科技政策作为公共政策的一个分支，是国家实施科教兴国战略的基本保障。我国《国家"十二五"科技发展规划》指出："加快科技资源开放共享网络建设，构建国家科技资源调查的长效机制，加强科技资源整合与共享的标准化工作。"其目的在于充分利用科技数据资源，完善科技政策体系，保障科技政策实施效果。我国科技政策研究一般以规范研究法为主，或探讨科技政策伦理，评估标准和方法，或探讨构建科技政策分析体系或框架，或探讨其他国家科技政策经验及其对我国的借鉴和启示等；而实证研究相对较少，一般以技术创新政策为研究对象，以创新政策演变与创新绩效为其研究内容（章刚勇，2016）。近年来学界对科技政策实施效果的研究逐渐增多，学术成果日渐丰富，对科技政策效果的认识逐渐加深，但相关研究的理论基础相对薄弱，知识体系相对零散，各文献采用的研究方法、研究区域、研究年限等方面也不尽相同，导致研究结果不尽相同。

已有研究一般应用演绎归纳法等定性研究方法对文献进行评述，归纳已有文献的研究结论，梳理研究进程和脉络，分析和展望未来研究机会；但单以定性分析的形式，对已有文献进行综合整理，无法挖掘已有文献所隐含的大量特征，难以对已有经验式研究在方法论上普遍存在的稳健性进行深入探讨，而这些可能使得研究结果产生偏误，导致已有结果的差异，影响研究结论的普适性。因此，有必要引入一类定性分析方法进行文献研究。Meta 分析法是在研究理论不甚完善的前提下，解决如何从众多文献中得到较为一致的结论这类问题的一种新的将定性分析和定量分析相结合的文献综述有效方法（王雅杰，2008）。引入 Meta 分析法，可以对文献现有的研究成果进行定量化处理，以此对目前科技政策研究文献的特征进行挖掘，并能够对得出的结论在统计上给予佐证，因此结论更具说服力。

本章首先对相关文献进行整理和筛选；其次结合 Meta 分析法对文献的结构化模式，对符合研究标准的文献进行效应量、标准差和特征变量的提取，并对纳入研究体系文献的异质性进行检验，对特征变量进行 Meta 回归以探索异质性来源，对研究结果进行敏感性分析和发表偏倚检验，确保研究结果的稳健性；最后分析研究结果，给出相关建议。

3.1　文献整理与统计量计算

我国学者对科技政策的研究，主要集中在政策评价方法研究和政策影响研究。在政策评价方法研究方面，刘会武（2008）吸收以价值为核心的政策评价理念，提出面向创新政策评价的三位分析框架；章穗（2010）利用熵权法对我国"十五"期间科技政策进行评价，并给出"十一五"科技政策制定建议。在政策影响研究方面，彭纪生和仲为国（2008）基于 1978～2006 年国家颁布的创新政策，提出政策量化方法，研究了政策力度和政策稳定性对创新绩效的影响，表明政策力度和稳定性的增加对技术绩效有促进效应；王俊（2010）运用我国 28 个行业大中型企业的面板数据，研究了政府 R&D 补贴政策对企业创新产出的影响，发现政府创新政策对企业自主创新的正面影响存在一定的不确定性。我国科技政策研究的论文数量颇为可观，但政策评价方法不一致，导致政策影响的研究结果不尽相同，所提供的政策建议也大相径庭，因此一些国内学者对此类文献进行总结，并由此希望得到在科技政策研究中较为一致的经验性意见。李晓春和黄鲁成（2010）有选择性地对我国技术创新政策研究中的一些重要问题进行回顾、评论和展望；曲昭

（2015）对科技金融政策研究文献进行描述性统计，通过关键词和主题演化，对研究内容进行挖掘。也有学者总结国外研究成果，旨在为国内研究提供借鉴，汪凌勇（2010）借鉴经济合作与发展组织（OECD）和欧盟创新政策制定与实施过程，认为对创新政策进行实时跟踪，有利于对创新政策进行有效评估；李阳（2012）将国际权威期刊《科研政策》上刊载的2213 篇文献作为数据样本，揭示了国际科技政策研究领域的各类特点，为国内相关研究人员的研究提供了参考与借鉴。通过文献梳理可以看出，国内学者对此涉及颇为有限，在对文献评述与挖掘方面以定性分析为主，利用定量方法研究的文献较少。

文献回顾表明，我国科技政策的文献量化研究处于起步阶段，研究对象有所局限，研究方法较为单一。引入 Meta 分析法，把已有学者相关研究成果纳入研究对象，对已有文献进行定量分析，可以为后续研究提供较为可靠的实证经验。本章以"科技政策实证"和"创新政策实证"进行搜索。为确保文献质量及严谨性，仅对 2006 ~ 2015 年期间[①]的 SCI、EI 及 CSSCI 论文进行搜索，为使搜索到的文献利于进行 Meta 分析，需对文献按如下标准进行筛选：（1）剔除综述类文献；（2）剔除与创新产出研究无关的文献；（3）保留数据结果信息较为清晰的文献，剔除实证结论模糊的文献。基于上述标准，共提取出 187 篇文献纳入 Meta 分析。

3.1.1 效应量计算

Meta 分析需要将文献中研究的结果转化成一系列效应量 ES，并计算出所得样本的标准差，从而可以对多篇文献进行综合分析。最普遍的做法是：将实验组均值 μ_e，减去控制组均值 μ_c，除以控制组标准差 σ，即 $ES = \dfrac{\mu_e - \mu_c}{\sigma}$，以此达到将数据标准化，并使数据具备了综合研究的可能性（Glass，1976）。

---

① 本书的研究期限跨度较大（2014 ~ 2018 年），各章研究内容开始及完成时间有所不同，采样截止时间各异，故各研究样本时间跨度略有不同。最后完稿时间为 2018 年，对部分文献亦进行了更新。本书其他部分不再作说明。

文献效应量计算方法可分为两类：一类是标准化原则，对进行回归分析的文献，以其回归系数的 t 值作为效应量；另一类是借鉴已有文献对效应量的处理方法，对非回归分析的文献进行效应量计算，例如利用 DEA-Malmquist 指数法衡量科技政策对创新产出影响的文献，对其各指数求均值处理，以此确定效应量和标准差。

鉴于 Meta 分析在经济学研究中的特殊性，本书研究先区分了以回归分析法和以非回归分析法为其实证研究方法的文献。对以回归分析法为其实证方法的文献采用第一类效应量计算方法；而对以非回归分析法为其实证方法的文献采用第二类方法。对筛选出的以回归分析法为其研究方法的文献的效应量计算可分为两步：第一步，对文献资料进行分割与效应量整合。考虑到以回归分析为研究方法的单篇文献，可能涉及两个或多个回归方程，而不同回归方程所研究的主题（如区域、创新产出度量方法）也不尽相同，故可以将不同回归方程看作不同实验，由此扩大实验数量，并对分析异质性产生的原因提供较好的证据。由此，可把所选的文献分割成 47 个研究组，即获得 47 组研究数据，即为样本量。第二步，利用 Meta 分析中成组设计的理念对效应量 ES 与标准差 V［见式（3.1）］进行合并计算。在回归方程内部可以整合不同政策效应，运用计量方法研究的文献，利用多政策度量对创新产出的影响进行研究的不在少数，需要将一个回归方程中的多种政策对创新产出影响的效应量进行整合。

$$ES = \frac{1}{n} \sum_{i=1}^{n} X_i \qquad V = \frac{1}{\sqrt{n}} \sum_{i=1}^{n} S_i \qquad (3.1)$$

其中，n 为政策的个数；X_i 与 S_i 分别为政策对创新产出回归系数的 t 值及相应的标准差。对其余运用单政策对创新产出影响进行研究的文献，效应量与方差皆沿用其回归系数的 t 值及方差，计算结果如表 3.1 所示，组号为 T1 ~ T47，表示实验组数，也为文献所涉及的回归方程的个数；效应量和标准差为回归方程的解释变量的 t 统计量值和所带的标准差，若某个回归方程所关注的解释变量为多个，表中所列的效应量和标准差为根据式（3.1）合并计算结果。

表 3.1   最终纳入 Meta 分析的实验组列表

组号	效应量	标准差	组号	效应量	标准差	组号	效应量	标准差	组号	效应量	标准差
T1	2.432	0.761	T13	3.360	1.029	T25	1.104	0.759	T37	4.820	2.794
T2	0.278	0.474	T14	1.270	0.154	T26	0.146	0.633	T38	3.050	2.080
T3	1.399	0.526	T15	4.576	1.203	T27	0.722	1.032	T39	1.559	1.142
T4	0.761	0.518	T16	3.207	0.873	T28	2.487	1.883	T40	1.960	1.217
T5	3.112	0.858	T17	5.203	1.209	T29	1.470	1.127	T41	0.837	0.851
T6	5.201	2.960	T18	-0.024	0.632	T30	1.960	1.721	T42	-0.539	1.440
T7	2.785	1.985	T19	-0.417	0.544	T31	8.789	0.082	T43	2.834	2.002
T8	3.084	1.046	T20	-0.931	0.223	T32	7.344	0.083	T44	4.623	2.710
T9	1.780	0.835	T21	-0.830	0.258	T33	2.280	1.816	T45	3.976	2.440
T10	1.051	0.754	T22	2.764	0.045	T34	1.075	1.070	T46	-1.335	1.564
T11	1.688	0.823	T23	1.680	0.107	T35	6.486	2.502	T47	4.863	1.989
T12	4.130	1.923	T24	0.288	2.426	T36	4.890	2.825			

3.1.2 异质性检验统计量及计算

异质性检验是对所提取的效应量的差异性进行统计检验，即对表 3.1 中所列示的效应量进行统计分析。本章分别采用了四种异质性检验方法，检验结果如表 3.2 所示。

表 3.2   异质性检验

统计量	估计值	模型	95% 置信区间		显著性检验	
			下限	上限	Z 值	P 值
Q	7769.28	固定效应	3.912	4.037	125.26	0.00
H	14.299	随机效应	1.251	3.307	4.35	0.00
I^2	99.4%					

（1）Q 统计量。在检验异质性是否存在时，设定原假设 H_0：$ES_1 = ES_2 = \cdots = ES_n$，即假设所有研究的效应量相等，由此根据式（3.2）计算 Q 统计量，若 Q 值相应的 P-Value 值小于 0.05，则拒绝原假设，接受备择假设，即认为文献

效应量存在异质性。本书研究 Q 值计算结果为 7769.28，P 值远小于 0.05，结果在 95% 置信水平上显著，表明效应量存在异质性。其中，ω_i 为第 i 组研究效应量的方差倒数。

$$Q = \sum_{i=1}^{n} \omega_i ES_i^2 - \frac{\left(\sum_{i=1}^{n} \omega_i ES_i \right)^2}{\sum_{i=1}^{n} \omega_i} \qquad (3.2)$$

（2）H 统计量。考虑到研究的数目会对 Q 统计量产生较大影响，可以通过式（3.3）计算 H 统计量，对 Q 统计量进行自由度矫正：

$$H = \sqrt{\frac{Q}{n-1}} \text{（n 为纳入分析的研究总数）} \qquad (3.3)$$

若 H = 1，表明研究间无异质性。当 H 在 1.2 ~ 1.5 之间时，则认为 H 值的 95% 置信区间包含 1，在 5% 的置信水平上无法确定是否存在异质性；当 H > 1.5 时，则认为 1 不在 95% 置信区间之中，表明研究间存在异质性。本书研究计算所得的 H 值为 14.299，表明本书研究纳入 Meta 分析的实验组间存在异质性。

（3）I^2 统计量。Q 统计量与 H 统计量均以绝对数来衡量变异程度，利用式（3.4）计算 I^2 统计量可以消除量纲可能产生的度量影响。

$$I^2 = \frac{Q-n}{Q} \times 100\% \qquad (3.4)$$

其中，n 为纳入分析的研究样本总数。当 $I^2 = 0$ 时，说明研究间不存在异质性；当 $0 < I^2 < 25\%$ 时，认为存在轻度异质性；当 $25\% < I^2 < 50\%$ 时，认为存在中度异质性；当 $I^2 > 50\%$ 时，认为高度异质性显著存在。经式（3.4）计算的 I^2 统计量的值为 99.4%，表明实验组间存在高度异质性。

（4）固定效应与随机效应。固定效应模型假设每一项研究的效应量 ES_i，由每项研究共同拥有的效应和样本误差共同组成（组内）；随机效应模型则假设每一项研究效应量除了固定效应所认为的共同效应和样本误差之外，还假设研究间会存在随机扰动项（组间）。即在随机效应下，每项研究中实际效应的变化，既有来自组内的，也有来自组间的。本章对固定效应和随机效应在

95% 的置信水平上进行显著性检验，发现二者皆通过了显著性检验，但随机效应给出了比固定效应更宽的置信区间，即随机效应的组间方差不为零，表明实验组间存在异质性。

3.2 科技政策对创新产出影响的 Meta 回归分析

3.2.1 回归方程与变量选取

Meta 回归的目的在于通过将纳入研究的文献中的重要特征进行量化，将效应量对研究者所关注的某些特征变量进行回归分析，以此反映研究成果的差异性，探究异质性的来源。Meta 回归模型如式（3.5）所示：

$$ES_i = \alpha + \sum_{j=1}^{n} \beta_{ij} X_{ij} + \mu_i \tag{3.5}$$

其中，ES_i 为第 i 个实验组的效应量，X_{ij} 为第 i 个实验组的第 j 个特征变量，β_{ij} 表示第 i 个实验组的第 j 个特征变量对其他实验组的偏离效应，α 表示排除研究间差异的估计值，μ_i 为回归方程的随机扰动项。

本书基于研究目的，从四个方面提炼可以度量文献差异性的特征变量（解释变量），以此考察这些特征变量是否为异质性的来源，分别为实证方法差异、主要变量度量方法差异、研究期限差异（时间维度）和研究区域差异（空间维度）。其中，Meta 回归方程的主要解释变量和控制变量及其说明如表 3.3 所示；被解释变量为效应量，数据来源于表 3.1。

表 3.3　　Meta 回归方程的主要解释变量和控制变量及其说明

特征变量名称	备注	特征变量名称	备注
是否为回归分析（Reg）	实验组运用回归分析则为 1，反之为 0	是否以专利申请量作为衡量创新产出的指标（PatOr）	实验组运用专利申请量衡量创新产出则为 1，反之为 0

特征变量名称	备注	特征变量名称	备注
是否为非回归分析（UnReg）	实验组运用非回归分析则为1，反之为0	是否以新产品收入作为衡量创新产出的指标（NewProOr）	实验组运用新产品收入衡量创新产出则为1，反之为0
是否为面板数据模型（PanelStud）	实验组运用面板数据模型则为1，反之为0	是否以其他指标衡量创新产出（OtherInd-ex）	实验组运用除专利申请量和新产品收入之外的指标衡量创新产出则为1，反之为0
是否为非公开数据（NoPubData）	实验组运用非公开数据则为1，反之为0		
所测度的政策数量（PoliNums）	实验组中所纳入的科技或创新政策数量	是否考虑企业 R&D 资金投入（FirmMoOr）	实验组考虑控制变量企业 R&D 资金投入则为1，反之为0
是否为全国性研究（Allround）	实验组若为全国性研究则为1，反之为0		
是否为区域性研究（Region）	实验组若进行区域性研究则为1，反之为0	是否考虑 R&D 人员数量（TechPeo）	实验组考虑控制变量 R&D 人员数量则为1，反之为0
是否为行业研究（Industry）	实验组若进行行业研究则为1，反之为0	是否考虑金融机构贷款（FinaLoan）	实验组考虑控制变量金融机构贷款则为1，反之为0
研究的时间跨度（StudyT）	实验组研究的时间跨度，单位：年	是否三类变量都不考虑（OtherVarb）	实验组对控制变量企业 R&D 资金投入、R&D 人员数量和金融机构贷款都不考虑则为1，反之为0
研究的时间跨度是否 5 年以下（FiveDn）	实验组研究时间跨度在5年以下则为1，反之为0	文献的发表年份（Years）	作为控制变量
研究的时间跨度是否 5 年以上（FiveUp）	实验组研究时间跨度在5年以上则为1，反之为0		
研究的时间跨度是否 8 年以上（EightUp）	实验组研究时间跨度在8年以上则为1，反之为0	实验组是否为一篇文献中的部分研究（Of-Exp）	作为控制变量
研究的时间跨度是否 10 年以上（TenUp）	实验组研究时间跨度在10年以上则为1，反之为0		
是否考虑政策滞后（PoLag）	实验组若考虑政策滞后效应则为1，反之为0	实验组是否为效应量的合并组（MultiPo）	作为控制变量

（1）实证方法的差异性。本书研究所筛选出的关于科技政策对创新产出影响的文献中，绝大多数文献采用了回归分析法，并且回归分析又多以面板数据模型为主。是否实证研究采用了回归分析法，以及采用了回归分析法又是否使用了面板数据分析方法建模，能否显著地引起异质性的产生是本书研究关注的因素。所构建的主要解释变量分别有 Reg（是否为回归分析）、Ureg（是否为非回归分析）、PanelStud（是否为面板数据模型）。

（2）主要变量度量方法的差异性。实证研究中对创新产出测度方法具有差异性，大部分研究采用了专利申请量、新产品收入等度量指标；部分研究采用了专利批准量、新技术合同成交额等度量指标。本书研究在 Meta 分析中分别构建了 PatOr、NewProOr 和 OtherIndex 三个主要变量；考虑研究文献中引入了关键控制变量的差异性，也构建了 FirmMoOr、TechPeo、FinaLoan 和 OtherVarb 等变量，以度量引入关键控制变量能否引起研究结论的异质性。

（3）研究期限（时间维度）的差异性。我国国家和地方基本上每 5 年制定一次的发展规划，已有许多宏观和微观层次的研究表明，政府单位、企事业单位，以及个人行为受政策影响较大；社会经济发展程度，以及科技投入和产出都受政策制定时间的影响。经济学理论一般认为 8 年一次的经济周期，对创新产出也具有一定的影响。此外，科技政策作用的年限及政策本身具有的滞后效应，使得创新产出在时间维度上将产生一定的差异。因此，实证文献中的研究期限不同，研究所得出的实际结论也将有可能不同。研究期限越短，即数据时间跨度越小，对研究结论产生的不确定性越大，对异质性产生的影响越大。对研究期限差异的测度变量分别为 StudyT（研究的时间跨度）、FiveDn（是否 5 年以下）、EightUp（是否八年以上）和 PoLag（是否引入滞后变量）等。

（4）研究区域（空间维度）的差异性。我国科技政策的制定和颁布主体包括国家和地区各级政府机关。地方科技部门除了制定贯彻落实国家科技政策的措施办法之外，还需制定符合本地经济发展阶段和当地特色的科技政策。区域科技政策研究也是该研究领域的重要研究方向之一。国家层面与省级层面颁布的科技政策在适用范围、执行力度和有效结果方面有很大的不同，但具有一定的关联性。文献的研究主题可以被区分为区域性研究和全国性研究，实验组也由此被划分为区域性或全国性研究，以考察该因素是否可以对异质性产生显著影响。相关测度变量分别为 Allround（全国性研究）、Region（区域性研究）和 Industry（是否为行业性研究）等。

此外，鉴于文献发表年份可能对异质性产生影响，之前对实验组也进行了若干拆分与合并，因此，本书研究在 Meta 回归模型中加入三个控制变量——文献的发表年份（Years）、实验组是否为一篇文献中的部分研究（OfExp）和实验组是否为效应量的合并组（MultiPo），以控制实验设计可能带来的误差。表 3.3 为本章研究纳入 Meta 回归的主要变量汇总。

3.2.2　Meta 回归结果分析

表 3.4 给出了实证方法差异性是否为引起结果异质性的显著性因素的检验结果。其中，方程 1 考察了文献是否采用了回归分析法为其实证方法是否为结果异质性差异来源，变量 Reg 系数（-0.159）并不显著；方程 2 考察了回归分析法是否使用了面板数据建模，变量 PanelStud 系数（-0.538）亦不显著；方程 3 和方程 4 分别考察了变量 UnReg（使用非回归分析法）和变量 NoPubData（使用非公开数据）是否是影响异质性的显著因素①，结果均不显著。本章研究的实验组数据中，各实证文献中以回归分析进行研究较为普遍，不以回归分析为其实证方法的实验组仅有 3 组，并且文献中有近 2/3 使用了面板数据进行研究。由于实证方法的高度相似性，无法判断实证方法的不同是否是异质性产生的主要原因。

表 3.5 报告了实证研究中对主要变量的度量方法差异的 Meta 回归结果。方程 5 和方程 6 的回归结果表明，无论利用专利申请量还是新产品收入作为创新产出度量指标，其对研究的异质性并无显著影响，而有约 70% 的实验组运用这两种指标进行度量，进而可以确认运用这两类创新产出度量指标的差异不应作为异质性来源；方程 7 和方程 8 的回归结果也不显著。表明相关实证研究中的主要变量，包括控制变量的度量方法的差异性并非造成异质性的显著原因。

---

① 表中空白或缺失处指该变量没有被引入 Meta 回归方程中，下同。

表 3.4　　　　　　　　　　实证方法差异的 Meta 回归结果

特征变量	方程 1		方程 2		方程 3		方程 4	
	系数	T 值	系数	T 值	系数	T 值	系数	T 值
Reg	−0.159	−0.12	−0.032	−0.02	—	—	—	—
PanelStud	—	—	−0.538	−0.67	—	—	—	—
UnReg	—	—	—	—	0.159	0.12	0.026	0.02
NoPubData	—	—	—	—	—	—	−0.285	−1.13
Years	0.077	0.49	0.039	0.24	0.076	0.49	0.172	0.97
OfExp	1.8029*	2.17	2.111*	2.20	1.802*	2.17	1.628*	1.92
MultiPo	−3.049*	−3.44	−3.106*	−3.44	−3.049*	−3.44	−2.675*	−2.82
constant	−151.44	−0.48	−76.111	−0.23	−151.60	−0.48	−228.23	−0.96

注：* 表示在 5% 的置信水平上显著。

表 3.5　　　　　　　　　主要变量度量方法差异的 Meta 回归结果

特征变量	方程 5		方程 6		方程 7		方程 8	
	系数	T 值	系数	T 值	系数	T 值	系数	T 值
PatOr	0.315	0.46	—	—	—	—	—	—
NewProOr	−0.475	−0.61	—	—	—	—	—	—
OtherIndex	—	—	0.292	0.43	—	—	—	—
FirmMoOr	—	—	—	—	−1.342	−1.5	—	—
TechPeo	—	—	—	—	1.484	1.21	—	—
FinaLoan	—	—	—	—	−0.344	−0.37	—	—
OtherVarb	—	—	—	—	—	—	0.602	0.53
Years	0.067	0.42	0.083	0.54	0.023	0.14	0.071	0.46
OfExp	1.773*	2.47	1.834*	2.49	1.577	1.3	2.206	1.99
MultiPo	−2.89**	−3.38	−3.084**	−3.63**	−3.324	−3.83	−3.122**	−3.67
constant	−132.74	−0.41	−165.57	−0.53	−43.748	−0.13	−140.56	−0.45

注：** 表示在 1% 的置信水平上显著，* 表示在 5% 的置信水平上显著。

表 3.6 报告了对研究期限（时间维度）差异的 Meta 回归结果。以方程 9 和方程 10 为回归方程的结果显示，StudyT 的系数估计值分别为 0.116 和 0.133，在 0.05 的显著性水平上显著为正，实验组中数据的时间跨度对异质性有着显著作用，方程 10 控制了政策滞后的因素对异质性的影响。为了进一步对产生异质性的因素时间跨度进行分类，本书研究分别以方程 11、方程

表3.6　研究期限（时间维度）差异的 Meta 回归结果

特征变量	方程9		方程10		方程11		方程12		方程13		方程14	
	系数	T值	系数	T值	系数	T值	系数	T值	系数	T值	系数	T值
StudyT	0.116*	2.35	0.133*	2.23	0.189**	3.24	3.209*	3.31	0.133	0.67	0.131	0.95
StudyT * FiveDn	—	—	—	—	3.019**	2.66	—	—	—	—	—	—
StudyT * FiveUp	—	—	—	—	—	—	-3.019*	-3.18	—	—	—	—
StudyT * EightUp	—	—	—	—	—	—	—	—	0.006	0.001	—	—
StudyT * TenUp	—	—	—	—	—	—	—	—	—	—	0.003	0.03
PoLagOr	—	—	-0.512	-0.53	-0.548	-0.6	-0.548	-0.6	-0.511	-0.5	-0.509	-0.52
Years	0.152	1.01	0.145	0.94	0.124	0.85	0.124	0.85	0.144	0.89	0.143	0.89
OfExp	0.797	1.01	0.664	0.81	1.548	1.88	1.548	1.88	0.664	0.71	0.661	0.78
MultiPo	-2.966**	-3.71	-2.989**	-3.71	-3.352**	-4.42	-3.352**	-4.42	-2.972**	-3.63	-2.965**	-3.5
constant	-304.18	246.1	-289.88	-0.94	-249.92	-0.85	-249.92	-0.85	-287.83	-0.88	-285.58	-0.88

注：** 表示在1%的置信水平上显著，* 表示在5%的置信水平上显著。

12、方程 13 和方程 14 作为回归方程进行了分析。方程 11（方程 12 的作用相同）回归结果表明，区分时间跨度为五年以下的指示变量 FiveDn 与连续变量 StudyT 的交叉项估计系数为 3.019，显著为正，研究期限为 5 年以下加重了时间跨度对研究结果的异质性；以方程 13 和方程 14 为回归方程的结果表明，利用时间跨度为 8 年以上，以及 10 年以上的数据进行研究的实验组，对研究结果的异质性不产生显著性的影响。研究期限差异的 Meta 回归结果表明，异质性主要来源于时间跨度 8 年以下的实验组，尤其是时间跨度小于 5 年的实验组。

表 3.7 报告了研究区域（空间维度）差异的 Meta 回归结果。以方程 15 和方程 16 的回归结果显示（方程 16 与方程 15 检验效果相同），变量 Region 的系数估计值为 -2.137，显著为负，表明科技政策研究具体到区域性政策研究，对异质性产生了负向作用，即对研究结论差异性具有明显的缓解作用；从实验组数量看，进行区域性研究（27 组）与进行全国性研究（20 组）的实验组数量基本相等，全国性的实验组对异质性的产生负主要责任。进一步排除实验组中其他空间维度因素可能对异质性产生的影响，将变量"是否为行业研究"分别与"是否进行区域性研究"和"是否进行全国性研究"生成交叉项引入回归方程。方程 17 和方程 18 的结果表明，区分是否为行业研究，不会对区域性研究和全国性研究产生的异质性具有加剧或缓解等显著性影响。考虑到国家层面与省级层面颁布的科技政策对创新产出既有不同影响也有联合效应，政策数量既在区域层面上体现了科技政策在不同地区发挥了不同作用，也在国家层面上体现了整体的效应，较好地表现了区域与国家政策的作用异同。引入"政策数量"与"是否进行区域性研究"和"是否进行全国性研究"的交叉项进行回归，以方程 19 为回归方程的结果显示，Region 变量的系数估计值与回归方程 15 的系数估计值相比，由 -2.137 降至 -1.639，仍在 0.1 的显著性水平上显著（t = -1.86），尽管考虑到区域性政策数量的交叉影响，把研究具体到区域性政策，仍对异质性产生了缓解作用，交叉作用并不显著。以方程 20 为回归方程的结果表明，政策数量与全国性研究变量交叉效应也不显著。

表 3.7　研究区域（空间维度）差异的 Meta 回归结果

特征变量	方程 15		方程 16		方程 17		方程 18		方程 19		方程 20	
	系数	T 值	系数	T 值	系数	T 值	系数	T 值	系数	T 值	系数	T 值
Region	-2.137**	-3.49	—	—	-2.147**	-3.19	—	—	-1.639	-1.86	—	—
Allround	—	—	2.137**	3.49	—	—	2.053*	2.1	—	—	3.233*	2.31
Region * Industry	—	—	—	—	0.032	0.05	—	—	—	—	—	—
Allround * Industry	—	—	—	—	—	—	0.121	0.11	—	—	—	—
Region * PoliNums	—	—	—	—	—	—	—	—	-0.176	-0.79	—	—
Allround * PoliNums	—	—	—	—	—	—	—	—	—	—	-0.388	-0.87
Years	0.046	0.33	0.046	0.33	0.047	0.33	0.047	0.33	0.081	0.54	0.101	0.65
OfExp	1.179	1.81	1.179	1.81	1.175	1.79	1.154	1.69	1.251	1.88	0.822	1.07
MultiPo	-2.197**	-2.74	-2.197**	-2.74	-2.184**	-2.69	-2.161*	-2.58	-2.137*	-2.63	-1.823	-2.01
constant	-89.201	-0.31	-91.338	-0.32	-90.844	-0.31	-93.313	-0.32	-160.58	-0.53	-199.85	-0.64

注：** 表示在 1% 的置信水平上显著，* 表示在 5% 的置信水平上显著。

3.3　敏感性检验及偏倚检验

Meta 分析作为文献分析的重要方法，其分析的科学性与稳健性需要通过对整体敏感性分析以及发表偏倚检验进行验证。敏感性检验是通过排除单个研究或几个研究组，考察结果是否会发生本质性的变化。在异质性检验中，发现组间方差不为零，故选用随机效应的敏感性检验。敏感性检验的结果可通过敏感性检验森林图展示。结果显示了总共 47 个实验组的效应量及上下限情况。如果其中有一个实验组的效应量低于下限 1.25，或这一个实验组的上限低于中轴线 2.28，则表明若去除这一个实验组对 Meta 分析有着较为显著的负向变化；如果其中有一个实验组的效应量高于上限 3.31 或这一个实验组的下限高于中轴线 2.28，则表明若去除这一个实验组对 Meta 分析有着较为显著的正向变化。若发生上述两种情况，则需要重新审查这一个实验组，并从中寻找出可能导致这一变化的因素，重新对所有实验组进行 Meta 分析。从本章研究进行敏感性分析的结果图（由 Stata 软件自动带出，图略）来看，所有实验组单一剔除都不会使得 Meta 分析结果有本质性变化，即通过了敏感性分析。

发表偏倚检验用来检验纳入研究的相关样本是否有偏。如果纳入研究的相关样本是有偏的，那么通过 Meta 分析计算的所有结果都会反映这种偏倚，Meta 分析的结果就存在相关偏误。表 3.8 报告了发表偏倚的检验结果，偏倚 bias 的 P 值为 0.253，接受原假设"不存在小型研究"，即本章研究所做 Meta 分析不存在发表偏倚。

表 3.8　　　　　　　　　　　　　发表偏倚检验结果

	系数	P 值	95% 置信区间	
slop	4.2474	0.000	3.2932	5.2017
bias	−2.5199	0.253	−6.9065	1.8665

3.4　小　　结

归功于学术研究者和科技统计工作实践者的持续努力，近年来涌现了大批科技政策研究文献，构成了科技政策分析的主要资料证据之一，即已有研究成果。本章通过对相关文献进行整理和筛选；结合 Meta 分析对文献的结构化模式，对符合研究标准的文献进行效应量、标准差和特征变量的提取，并对纳入研究体系文献的异质性进行检验，对特征变量进行 Meta 回归以探索异质性来源，并对研究结果进行了敏感性分析和发表偏倚检验。主要考察了实证研究文献中的实证方法差异、主要变量度量方法差异、研究期限（时间维度）差异和研究区域（空间）差异等特征是否显著性是影响实证结果的异质性。本章研究结论对科技政策与技术产出相关实证研究方法论具有一定的指导作用。主要包括以下三个方面。

其一，未发现实证方法差异和主要变量度量差异对实证结果的异质性具有显著性的影响。在实验组中，就是否以回归分析法进行相关实证研究，对实证结果的异质性并不具有显著影响。当前所收集和分析的相关文献多以回归分析为主，且回归分析又以面板数据计量分析模型为主，由于样本量（实验组数）的限制，该结论有待进一步考证。同样，或因为样本量的限制，对创新产出的测度是否采用专利申请量、新产品收入或其他变量度量，以及是否考虑企业 R&D 资金投入、R&D 人员数量和金融机构贷款等作为控制变量，均对实证结果的异质性无显著的解释作用。

其二，在考察研究期限（时间维度）差异的 Meta 回归分析中发现，文献所运用实证数据的时间跨度对异质性有较大影响。具体地，异质性主要源于实证数据时间跨度在 8 年以下的文献中，尤其是时间跨度在 5 年以下的研究样本，加剧了研究期限对实证结果的异质性影响，文献中的研究结论很不稳定。研究期限在 8 年以上的实证结果相对较为稳定。

其三，关于研究区域（空间维度）差异的 Meta 回归结果表明，具体到区域性科技政策的相关研究，对异质性产生了负向作用，即对实证结论差异性具有明显的缓解作用。而全国性的实验组对异质性的产生负主要责任（显著正向作用）；并且区分是否为行业研究，以及考虑到政策数量等因素，不会对区域性研究和全国性研究产生的异质性具有加剧或缓解等显著性影响。

由此，可归纳出科技政策与创新产出研究的实证方法等建议：（1）在对创新产出的度量方面，专利申请量和新产品收入依然是两个比较合适的指标，其对创新产出的度量不会产生偏误；（2）在影响因素回归分析中，企业 R&D 资金投入量、R&D 人员数和金融机构贷款三个指标可作为较为稳健的控制变量加入模型中；（3）在研究的时间维度方面，研究所运用的数据年限在 8 年及以上一般不会对研究结果产生较大误差；本章应用 Meta 文献分析法对相关研究成果进行了分析，该章的结论对本书第五章的变量选择和模型搭建等都具有较好的启发意义。

第 4 章
科技政策体系、文本数据库构建
与文本分析

政策是在一定时期的历史条件与国情条件下推行的现实国策，在新时期科技政策引导下，"创新驱动发展战略大力实施，创新型国家建设成果丰硕，天宫、蛟龙、天眼、悟空、墨子、大飞机等重大科技成果相继问世"①。思辨现阶段我国科技政策定义，厘清科技政策体系，按一定规则，收集政策并归群分类，构建文本数据库具有较好的理论价值和实践意义。一方面，不同时期不同国家赋予科技政策不同含义，2006 年至今是我国科技政策制定颁布密集期，由于参与部门分散、条文形式多、内容涉及面广而导致科技政策界定模糊，科技管理部门在实践中一般把其制定或参与制定的政策视为科技政策。而学界对科技政策、创新政策与技术创新政策概念及概念间关系争议已久，研究者一般基于其研究目的和所能收集的政策条文，界定和评价科技政策。另一方面，由科技部和地方科技部门汇编或选编的有关科技法律法规与政策出版物信息量小，缺乏统一框架，难以支撑科技政策体系和满足信息化建设要求。大数据理念下，基于文本的文本分析法已成为公共政策分析的主流。厘清我国科技政策体系，构建文本数据库，并据此展开政策分析，研究科技政策作用机理，评价政策得失，可以为新一轮政策制定和组织实施，为提高

---

① 引自：中共十九大报告（习近平，2017）。

我国科技政策质量提出参考建议。

本章一方面贡献于科技政策分析领域，科技政策相关定量研究较少，且未能充分有效地使用政策条文信息，研究呈"碎片化"特点。本章结合我国新阶段科技政策特点，根据上文所定义和界定的科技政策，基于政策制定主体隶属关系与政策群理论，厘清了我国科技政策体系。探讨了构建政策文本数据库的必要性与可行性等问题，以实践回应了大数据对科技政策分析的时代诉求，并指出了目前在大数据实践中，统计建模的计算基础仍主要是串行算法，分析系统需要架构在关系型数据库之上。本章有关科技政策研究的方法论对其他公共政策分析有一定的借鉴意义。另一方面，本章贡献于科技统计研究领域，科技统计服务于科技政策制定和评价，科技统计指标与科技政策文本是科技政策分析的主要资料证据，有关数据资料采集等基础性研究目前却较为匮乏（章刚勇，2016），因此，本章丰富了科技统计基础性研究文献。

本书把科技政策定义为"由一国或地方政府机构为促进经济社会发展，基于社会需求在不同阶段制定颁布的，一系列用于规制和激励全社会从事知识发现、积累，及应用于技术创新行为的政策集合。包括规划计划、法规条例、决定、办法、措施，以及相应的实施细则、意见建议等"。

4.1　我国科技政策体系

4.1.1　制定颁布主体与科技政策体系

我国科学技术部是国务院组成机构，主要职责是研究提出科技发展的宏观战略和科技促进经济社会发展的方针、政策、法规；推动国家科技创新体系，提高国家科技创新能力等；其组织机构主要包括由政策法规与监督司、创新发展司、基础研究司等部门构成的内设机构，以及国家科学技术奖励工作办公室、中国科学技术信息研究所和科技人才交流开发中心等直属事业单位。地方政府依级别分别设置省科技厅（直辖市为科学技术委员会）、县市科技局等政府职能部门，行政隶属于当地政府，分级分条块管理。其职责和组织机构设置较为类似。以江西省科技厅为例，其主要职责是贯彻落实国家有关科技工作的方针、政策和法规，在全省经济社会发展总体规划的框架内，拟定科技发展和促进经济社会发展的政策措施，推动全省科技创新体系，提高科技创新能力；其组织机构主要包括由政策法规与体制改革处、社会发展科技处等部门组成的内设机构，以及由江西省科技情报研究所、江西省科技项目服务中心等部门组成的直属单位；还包括一些具有地方特色的机构，比如江西省山江湖办、庐山植物园[①]等单位。地方科技部门除了制定贯彻落实国家科技政策的措施办法之外，还需制定符合本地经济发展阶段和当地特色的科技政策。

继"十五"时期以来，我国科技政策数量呈不断增加势态，参与部门数也逐渐增多。尤其是 2006 年我国颁布《规划纲要》提出"走自主创新道路，建设创新型国家"战略以来，全国人大常委会、国务院、科技部、国家发改委、财政部和教育部等部门制定或联合制定颁布了一系列用于规制和激励全社会创新行为的法规制度、规划计划、措施办法、意见建议等。地方政府机构，包括科技厅、地方发改委、财政厅和教育厅等部门，分别制定或参与制定了相关贯彻落实、促进推进等条文。条文内容涵盖了财政、金融、税收、教育和产业等各方面。其中大部分政策由科技部门起草，其他部门联合发文，国家及地方科技部门是制定科技政策的主体。部分政策的制定和颁布科技部门虽未参与，但条文内容却与科技创新举措相关。本书把科技部门制定或参与制定的政策条文视为核心科技政策，而把科技部门未参与制定的由其他政府部门制定与科技创新举措相关的政策条文划分为外围科技政策；把国家及部委制定的政策划分为国家科技政策，而把地方政府制定的政策视为地方科技政策。一般而言，地方科技政策制定与发文机构与国家相关部门对应。如图 4.1 所示，虚线箭头表示各部门行政隶

---

① 庐山植物园创建于 1934 年，目前是江西省科技厅辖下的事业单位，是植物学及其有关学科的实验研究基地、科普教育基地。

属结构，实线箭头表示其他部门或参与科技政策制定的协同关系。由全国人大常委会、国务院、科技部及其他部委制定的科技政策被认为是国家科技政策；而由地方政府机构制定的政策为地方科技政策。双线箭头分别指向核心科技政策和外围科技政策。

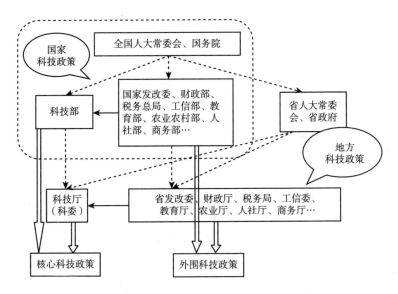

图 4.1 我国科技政策体系图一（按制定颁布部门划分）

举例说明：2008 年江西省根据科技部、财政部、国家税务总局《关于印发〈高新技术企业认定管理办法〉的通知》和《关于印发〈高新技术企业认定管理工作指引〉的通知》文件精神，结合江西省实际情况，经研究决定，制定了《江西省高新技术企业认定管理办法实施细则（试行）》。参与制定发文部门包括江西省科技厅、江西省财政厅、江西省国家税务局和江西省地方税务局，与科技部、财政部与税务总局相对应。《高新技术企业认定管理办法》与《高新技术企业认定管理工作指引》被视为国家科技政策，《江西省高新技术企业认定管理办法实施细则（试行）》则被认为是地方科技政策。三项政策由科技部门参与制定和颁布，被认为是核心科技政策。而《江西省高等学校创新能力提升计划实施意见》由江西省财政厅和教育厅 2012 年联合制定发文，对应教育部与财政部联合制定发文的《"高等院校创新能力"提升计划》；《江西省工程研究中心（工程实验室）管理办法》则由江西省发改委于

2013 年单独制定发文，对应国家发改委制定颁布的《国家工程实验室管理办法》。两项政策虽未有科技部门参与制定和颁布，但与科技创新举措相关，被认为是外围科技政策。

4.1.2　政策群与科技政策体系

政策群是一国或地方政府在一定时期制定并实施的理念同源、导向相近、内容各有侧重的一组政策集合体（张勤，2000；汪霞，2010；等等）。政策群理论被认为是近年来政策分析领域的一个新兴的，具有较强本土化色彩的理论工具；应用于政策体系构建、政策效率评估，能较好地弥补政策研究中缺乏对政策本身进行分析的缺憾（薛立强，2011）。随着当代科学技术一体化、科学技术与生产一体化，科技创新与经济社会发展联系日益紧密，从广义角度将公共科技政策工具的结构层次分为战略层、综合层、基本层三个层次（赵筱媛，2007），是按照政策制定和执行的层次对公共政策进行纵向分类的方法的拓展；将科技政策工具分为科技计划和战略规划、科技财政政策、金融科技政策、人力资本存量、知识产权保护、其他支撑性制度（沈旺，2013），实际上是政策群理论在科技政策体系构建中的一个应用。自 2006 年国家中长期规划纲要颁布以来，科技创新已提升到战略地位，影响经济社会各领域的政策制定与实践。国家及地方政府机构制定了的科技政策已形成了一个结构庞大、内容庞杂的政策集合。按一定规则，把政策分门别类地归群，创建政策数据库对政策检索、政策分析具有较好的理论价值和现实意义。

围绕《规划纲要》，全国人大常委会分别修订了《中华人民共和国科学技术进步法》《中华人民共和国专利法》《中华人民共和国再生能源法》等一系列与科技创新主题直接相关或间接相关的法规，与各地方人大常委会制定的科技进步、科技创新促进等条例，组成了一个法规条例政策群；各部委制定的中长期科技发展规划纲要（比如，教育部制定的《高等学校中长期科学和技术发展规划纲要》，交通部制定的《公路水路交通中长期科技发展规划纲要》等）与各地政府制定的中长期科技发展规划纲要（比如江西省人民政府制定的《江西省中长期科学和技术发展规划纲要》等）组成了中长期科技发展规划纲要政策群；"五年规划"是我国政策制定的一个特色，为充分发挥科技进步和创新对加快转变经济发展方式的重要支撑作用，科技部、其他部委制定的，与各地方政府部门分别制定的"十一五""十二五"等科技发展规划计划组成了"五年"科技发展（专项）规划计划群。

根据国务院《关于实施〈国家中长期科学和技术发展规划纲要（2006～2020年）〉若干配套政策的通知》和国务院办公厅《关于同意制订实施〈国家中长期科学和技术发展规划纲要〉的若干配套政策实施细则的复函》的有关要求，按照2006年4月19日部长办公会讨论意见，科技部牵头制定《国家中长期科学和技术发展规划纲要若干配套政策》有关实施细则的工作方案。该工作方案规定了实施细则具体文件名，共17项，并且要求"成熟一个，出台一个"，在2006～2007年两年内完成。参与制定的会同部门包括国家发改委、国防科工委、财政部、总装备部等13个部门。科技部于2008年将配套政策实施细则汇总，累计70项，并分别归类于科技投入、税收激励、金融支持、政府采购、引进消化吸引再创新、人才队伍、创造和保护知识产权、教育与科普、科技创新基地与平台、加强统筹协调与其他类等11个类别。其中，其他类指的是关于规制和引导高新技术产业发展与中小企业技术创新等政策。为贯彻和落实国家层面政策，各地方政府、各部委辖下的厅局级单位，根据各地实际情况，分别制定了相应的地方性的若干配套政策，组成了配套政策实施细则群类。

自2007年以来，国家各部委、各地方政府，进一步围绕"中长期"及"五年"科技发展规划或专项计划，出台或修订了系列科技政策，包括决定、规定、细则、办法、措施、意见和建议等专题政策群、试点政策类等。专题政策群可分为15类，分别为：综合类、科研机构改革类、科技计划管理类、科技经费与财务类、基础研究与科研基地类、企业技术进步与高新技术产业化类、农村科技与社会发展类、科技人才类、科技中介服务类、科技条件与标准类、科技金融与税收类、科技成果与知识产权类、科学技术普及类、科技奖励类与国际科技合作类。某一类别或某单项国家政策，结合地方政府机构为贯彻落实国家政策而制定的相关举措，可组成某一类政策小群。对政策小群进行深入细致的研究，可评价政策得失，优化政策落地路径与措施。以科技奖励专题政策类为例：《国家科学技术奖励条例》于 1999 年 5 月 23 日由国务院发布，分别于 2003 年被第一次修订，2013 年被第二次修订；《国家科学技术奖励条例实施细则》于 1999 年 12 月 24 日由科学技术部公布，分别于 2004 年、2008 年两次被修订。地方科技奖励政策比如《江西省科学技术奖励办法》于 2000 年 12 月 9 日由江西省政府发布，于 2006 年第一次被修订；《江西省科学技术奖励办法实施细则》于 2010 年 4 月 29 日发布，原 2001 年由江西省科技厅制定发布的《江西省科学技术奖励办法实施细则（试行）》被同时废止。从时间维度和地区维度分析科技奖励专题政策类，一方面，可理解国家及地方政府为激励在科技进步活动中做出突出贡献的公民、组织，调动科技工作者的积极性，加速科技事业发展，提高综合国力所做出的努力；另一方面，可以评估科技奖励政策作用效果，及预测新政策出台时间及内容变化。试点政策类主要指国家及地方自主创新示范（试验）区试点政策。各政策群之间关系如图 4.2 所示。

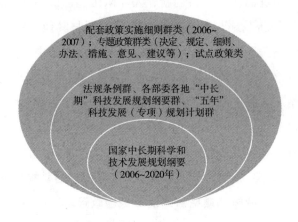

图 4.2　我国科技政策体系图二（按政策群划分）

4.2　科技政策文本数据库构建

自 2011 年麦肯锡全球研究院（MGI）提出"大数据时代已经到来"以

来，大数据已经渗透到各个行业和业务职能领域，成为可以与物质资产和人力资本相提并论的重要的生产要素，政府机构、企业界和学术界对大数据研发越来越重视。一般认为大数据具有规模性（volume）、高速性（velocity）、多样性（variety）、价值性（value）四个特征。其中，多样性主要指数据的种类不仅限于数值型数据。文本、图像、音频和视频也是数据的组成类型。同时数据储存形式包括结构化、半结构化和非结构化特征。然而，统计建模大多数的数值算法一般基于传统的串行计算，而非并行计算或"云计算"。对数据的深入挖掘和分析一般需要架构在关系型数据库上，使用非结构化数据库建模一般需要经过数据清洗、结构化等过程，转化为数据仓库。基于大数据的管理与决策创新是大数据研究前沿课题之一，大数据发展使得经济社会系统的运行、政府决策、政策评估等日益依赖于数据在不同社会主体之间的流动与利用（徐宗本，2014）。自2006年以来，我国科技政策进入密集颁布期，科技政策已形成了一个结构庞大、内容庞杂的政策集合。研究如何收集及结构化组织政策条文，构建科技政策文本数据库，是科技政策研究的基础。收集、辨识和归类非科技部门颁布的外围科技政策是难点。

4.2.1　政策条文收集

本书把科技政策定义为"由一国或地方政府机构为促进经济社会发展，基于社会需求在不同阶段制定颁布的，一系列用于规制和激励全社会从事知识发现、积累，及应用于技术创新行为的政策集合。包括规划计划、法规条例、决定、办法、措施，以及相应的实施细则、意见建议等"，在此概念框架下，科技政策体系结构庞大、内容庞杂，并且存储于不同部门的数据库中。收集和区分科技政策工作繁杂。我们试图把工作程序标准化，使收集的科技政策条文较为全面而又具有较少争议性，研究结果可基本复制。

如前文"政策制定颁布主体与科技政策体系"部分所述，参与制定科技政策的部门机构包括了国务院、科技部及其他各部委，省级政府、科技厅（委）及其他厅局级机构。我们所构建的科技政策文本数据库政策主要来源于各部门门户网站。以科技部官网（http：//www.most.gov.cn/）为例，政策条文主要源于信息公开栏和科技政策栏，具体包括法规文件、科技规划、国家科技政策、国家试点科技政策等。然而，由非科技部制定的外围科技政策需要到其他部门官方网站识别收集。以教育部（http：//www.moe.gov.cn/）为例，在网站信息公开目录中，以信息类别分类的所有栏目中，"科学研究（代码14）"栏目全部下载，并在发展规划、部门规章、职业教育与成人教育、高等教育、其他等栏目中，以"科学技术""科技"或"技术创新"关键词筛选下载文件①。

4.2.2 科技政策条文甄别

政策公文用词较为精准。其他非科技部门机构颁布的与科技创新相关的政策条文，一般会使用"科技""科学技术""技术创新"等关键词。在试验操作过程中，我们发现部分含"科学""技术"或"创新"等关键词的政策条文中，却只含有"科学发展观""机制创新"或"技术人员"等文字。比如国务院颁布的《民用机场管理条例》中"有满足业务经营需要的专业技术和管理人员"和《证券公司监督管理条例》中"依法开展经营方式创新、业务或者产品创新、组织创新和激励约束机制创新"等，本书把这类条文排除在科技政策之外。故本书对外围科技政策的初步筛选，选取"科技""科学技术"或"技术创新"为关键词的政策，而摒弃了以"科学""技术"或"创新"为单个关键词的搜索结果。

经初步筛选后的政策文本大多是科技政策，但仍需进一步筛选，以获得较为正确、争议性较小的科技政策条文。由初步筛选结果发现，以"科技"为关键词搜索所得文本研究件占绝大多数。我们组织研究生对下载的每条政策逐一辨别，剔除各部门内部组织实施、监督检查等管理文件，进一步筛选出含有科技创新或促进产业转型升级等条款的政策条文。以发改委部门为例：

① 各政府部门门户网站架构不尽相同，同一网站一段时期后也可能改版更新。文件下载位置及方式不尽相同，有必要向相关部门咨询或依法申请公开。

凡涉及高技术产业及产业发展战略、规划和计划，促进高新技术企业创业发展办法措施，国家自主创新能力建设规划，国家工程实验室等创新平台管理，专项及项目组织实施等条文，被纳入科技政策中。而有关管理部门关于评选、评估、表彰、发布核准审核结果、会议培训等工作程序的公告通知等文件，则被筛除。表4.1展示了国家各部门颁布科技政策条数（2006~2013年），全国人大常委会、国务院及各主要部委2006~2013年制定颁布科技政策条文约1241条。其中，部分部门最终确定的政策条文数多于初步筛选条文数是由于较多政策由多部门联合颁布，而又仅存放于某部门网站。我们类似地采集了全国各省（自治区、直辖市）科技政策条文。

表4.1　　　　国家各部门颁布科技政策条数（2006~2013年）　　　单位：条

部门	初步筛选结果	最终确定结果
全国人大常委会	70	47
中国政府网	24	19
国务院	492	336
科技部	912	323
财政部	158	255
国家发改委	206	206
国家税务总局	126	108
工信部	113	115
商务部	86	99
国家自然科学基金委	21	28
教育部	304	95
农业农村部	96	81
人社部	251	51
知识产权局	19	33
其他部门	5	4
合计	2883	1241

4.2.3 维度设计与结构化

文本分析要求将政策条文按标准化格式列出编码目录，解构文本内容。构建关系型数据库也要求把政策条文按一定规则设计维度，即结构化或半结构化组织文本信息。

1. 常规维度

常规维度用于政策条文检索查询。标题与文号、颁布时间、中止时间、颁布部门和适用地区是政策文本数据库的五个常规维度。科技政策制定符合一定时期经济社会发展需求。当政策需求发生变化，旧条款被中止或被修订，科技政策具有时效性，故需要设计颁布时间和中止时间两个维度，适用地区维度设计主要出于对国家政策和各省地方政策的适用地区不同的考虑，该维度可用于区分国家科技政策与地方科技政策。颁布部门维度可用于度量政策协同性和政策效力，并可用于区分核心科技政策与外围科技政策。

2. 条文形式维度

科技政策条文形式主要包括规划计划、法规条例（法、规定、条例）、决定、措施、办法、细则、建议和意见等。其中，规划计划为指导性的纲领性文件，期限一般分为中长期和五年期；决定一般是政府部门对重要事项所作的具有决策性和制约性的安排；法规条例是具有法律效力的条文；措施办法是为达到目标而采取的途径和手段，具有指导作用；细则一般是对某规划、某项法规条例、某项办法具体落实实施所作的详细解释与规范性文件；建议和意见则是上级部门对下级部门针对某项政策问题制定发布的指导性条文。条文形式维度可应用于区分政策效力，结合适用地区维度，可用于探讨科技政策落地路径与方式。

3. 基本专题维度

科技部把国家科技政策按专题进行分类。国家科技政策被分为 15 类。分别为：综合类、科研机构改革类、科技计划管理类、科技经费与财务类、基础研究与科研基地类、企业技术进步与高新技术产业化类、农村科技与社会发展类、科技人才类、科技中介服务类、科技条件与标准类、科技金融与税收类、科技成果与知识产权类、科学技术普及类、科技奖励类与国际科技合作类。专题维度用于储存科技政策类别，其中，规划计划、法规条例被归为综合类。国家其他部门，以及地方政府部门出台的科技政策条文亦以此为依据，借助于计算机及人工手段分别分门别类。非科技部门，及地方政府机构出台的科技政策条文的分类是构建文本数据库的难点。部分地方科技政策条文中，同一条文可分别归类于几个类别，但又不属于综合类。部分学者已就某些政策专题，把科技经费投入、税收政策、金融支持、政府采购、科技创新基地与平台（高新技术产业园区）等作为政策工具，进行了专题研究，涌现了一批研究成果。其中，有宏观层面政策评估研究，甚至有科技政策作用于微观主体企业层面的研究。

4. 可扩展专题维度

研究者可依据其关注的政策主题灵活扩展或归纳政策专题维度，甚至就某项专项政策实施研究。《规划纲要》配套政策实施细则制定的目标性强，颁布时期较为集中，已成为一个专属政策群。部分学者对配套政策实施细则进行了专题研究；深入细致的进一步的政策分析，需要借助于文本聚类、分类等挖掘手段对政策条文进行文本分析。维度设计越细致，内容研究越丰富。表4.2展示了我国科技政策数据库表结构设计，主要包括维度设计与数据长度设计。其中，长度设计根据关系型数据库要求，须将文本内容结构化。表中文号与适用地区被设置为主键，利于文件检索和与其他数据库表关联；表中政策内容数据长度设置为10000字节，超过10000字节的政策内容，比如规划计划等，按章节标题把内容分解存储，标题存储在政策主题（专题）维度中；政策标签词由计算机文本挖掘后自动给出（综合类除外）。本书研究对象为2006~2020年国家及地方科技政策，并且各类科技政策条文有待进一步更新和完善，故设置更新记录字段。依据表结构，借助于 ORACLE 或 SQL SERVER 等数据库软件即可完成我国科技政策文本数据库构建。

表 4.2 　　　　　　　　　我国科技政策文本数据库表结构设计

字段英文名	字段中文名（维度）	数据类型	数据长度	是否为主键	字段描述
TITLE	标题	CHAR	50	N	政策文件名称
REF_No	文号	CHAR	20	Y	政策发文号
STARTDAY	颁布时间	DATE	10	N	政策颁布时间
ENDDAY	中止时间	DATE	10	N	政策中止时间
DEPARTMENT	颁布部门	CHAR	500	N	单个或多个部门
DISTRICT	适用地区	CHAR	50	Y	国家或各省、直辖市、自治区
DOCUMENT_ STYLE	条文形式	CHAR	10	N	具体可分为规划计划、法规条例（法、规定、条例）、决定、措施、办法、细则、建议和意见等
TOPIC	政策主题（专题）	CHAR	50	N	主要分为综合类（章节标题）、科研机构改革类、科技计划管理类、科技经费与财务类等15类
CONTENT	政策内容	CHAR	10000	N	用于储存政策条文内容，超过10000字节条文内容按章节分块存储
LABEL_WORDS	政策标签词	CHAR	500	N	由文本挖掘结果给出
UPDATE_RECORD	更新记录	CHAR	500	N	数据库更新日期，更新内容简介

4.3　我国科技政策主要议题分布：
　　　文本分析法的一个简单应用

　　文本分析的主要目的是从资料中摘取议题，或由几个松散的概念发展出描述性的理论框架。我们设置"科技投入""税收激励""金融支持""政府采购""消化吸引再创新""人才队伍""创造和知识产权保护""教育和科普""创新基地与平台""加强统筹协调"10个议题[①]，议题分散于各政策条

---

　　① 议题设置源自科技部对《规划纲要》配套政策实施细则分类。基于数据库，研究者可就单个议题采用文本分析法进行深入细致的研究，本书以此举例说明文本分析法在科技政策分析中的应用。

文中，大部分科技政策同时涉及多个议题。我们的研究设计是：分别以此 10
个短语，基于数据库，以结构查询语句将相关条文简单分类汇总，将政策内
容量化。以国家科技政策与江西省科技政策（2006～2013 年）条文为例，对
政策条文涉及议题分析归纳，结果如图 4.3 所示。可以发现：其一，地方科
技政策与国家科技政策条文内容基本同步，我国科技政策具有"自上而下，
层层传达，上行下效"的特点。其二，大部分政策条文都涉及"科技投入、
人才队伍、创造与保护知识产权、科技创新基地与平台"四个方面的内容，
但"教育与科普"较少被涉及。科技政策主要作用对象仍是科技工作者，尤
其是中高级专业人才。大部分科技政策与科技工作者所从事的科研活动相关，
比如科研平台建设、科研经费投入与知识产权保护等。其三，政策重视科技
投入在科技创新中所发挥的作用，科技投入资金主要来自政府财政投入。
2006 年以来，社会资金投入在科技创新活动中的作用逐渐被关注。税收激励、
金融支持和政府采购三种政策工具主要应用于激励引导社会资金与企业自有
资金投入到科技创新活动中。其四，涉及"加强统筹协调"内容的政策条文
多为综合类政策或需多部门协作类政策。另外，"教育与科普"政策工具的使
用，表明科技政策作用对象开始逐步面向全社会。文本分析结果支持本书所
给的科技政策定义；并且提供证据支撑了以往学者（赵延东，2017）的研究
发现，随着近年来中国社会的快速转型发展，社会公众、科技共同体、企业
和政府针对创新社会责任的态度和行为方面出现了一系列新变化，我国既往

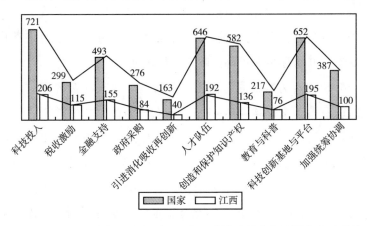

图 4.3　2006～2013 年国家及地方（江西省）科技政策主要议题分布（单位：个）

科技管理中的科学主义、发展主义及"自上而下"的管理体系等特征不利于负责任的研究与创新理念的实行。并且，文本分析法所得出的结论支持本书在2.1.2节经思辨给出的科技政策定义。

4.4 小　　结

大数据时代的到来，为原本就与大数据有着天然联系的科技情报事业带来研究新范式（李萌，2016）。大数据理念下，文本分析法已成为公共政策分析的主流。本书从政策颁布主体行政隶属关系与政策群视角厘清了现阶段我国科技政策体系，提出并实践通过维度设计，结构化组织政策文本，构建科技政策关系型数据库的思路。最后基于数据库，采用文本分析法，分析了我国科技政策主要议题分布。文本分析的结果支持了本书在2.1.2节经思辨所给出的科技政策定义。本章主要回答了构建科技政策文本数据库的必要性和可行性问题。本章主要贡献于科技统计与科技政策分析的基础性研究。

第一，科技政策文本数据库构建的必要性。自2006年《规划纲要》颁布以来，国家科技政策与地方科技政策已形成了一个结构庞大、内容庞杂的政策群。由于政策制定颁布机构包括多个国家机关及地方政府机构，现阶段科技政策存储在不同部门。按一定规则，收集汇总并结构化组织科技政策条文，构建文本数据库，是大数据对科技统计、科技政策研究的时代诉求。基于架构统一、条文翔实的数据库而进行深入细致的文本分析将获得丰富且结论可靠的研究成果，并将逐步揭示科技政策作用机理。

第二，科技政策文本数据库构建的可行性。科技政策界定、收集，以及有条理地组织政策条文是构建数据库的难点。为此，本书首先思辨并提出了新时期我国科技政策定义，基于政策制定主体隶属关系与政策群理论，厘清了我国科技政策体系；其次，进一步探讨了科技政策收集与维度设计方法，给出了我国科技政策文本数据库表结构设计，初步搭建了数据库。本书尽可能把工作程序标准化，以构建一个较为全面且争议较小的数据库。但由于资料可获取性，和政策条文的第二次筛选借助于人工识别所引起的主观性，不可避免地给数据库带来一定的局限性。数据库需要进一步完善更新。

另外，自 2011 年起，大数据理念已被政府、学界和业界广泛接受。数据来源多元化，数据类型多样性，以及结果应用的实时性是大数据应用的主要特征。在大数据分析与处理的数学与计算基础仍未有重大突破前，大数据应用技术目前仍停留在较为简单的信息检索、描述性统计等层面，复杂的统计建模运算仍需要架构在关系型数据库上。大数据应用于公共政策分析领域，服务于事后的政策评价和新一轮政策的制定，对实时性要求较弱。而无论从实践意义层面的政策议题演变、政策落地经验和政策效力评估等，还是从技术层面的政策条文检索查询、深层次的文本挖掘技术等，都需要厘清政策体系，归集整理政策条文信息，构建关系型数据库，以充分及有效地利用文本信息。因此，本章方法论对科技政策之外的，我国其他公共政策研究也有一定的借鉴作用。本章的研究对象科技政策条文，与上一章的研究对象已有研究成果，和科技统计指标数据一起，构成了我国科技政策分析的三大资料证据。

第 5 章
区域科技政策差异、测度与技术产出：
以中部六省为例

区域科技政策是各地为促进地区科技进步、提升本地综合实力，依照国家法律法规并结合当地实际情况，由地方人大和政府制定的一系列地方法规、规章、战略、规划和办法等。这些科技政策以地方法规、地方政府规章、地方政府规范性文件的法律条文或其他形式颁布。地方科技政策与国家科技政策条文内容基本同步，具有"自上而下，层层传达，上行下效"的特点。随着近年来中国社会的快速转型发展，社会公众、科技共同体、企业和政府在创新型社会责任的态度和行为等方面出现了一系列新变化。我国既往科技管理中的科学主义、发展主义及"自上而下"的管理体系等特征不利于负责任的研究与创新理念的实行（赵延东，2017）。

自 2006 年，围绕《规划纲要》及配套政策，各省、自治区和直辖市结合区域特点分别制定了相应的地方政策法规，逐步建立和发展了具有地区特色的区域科技政策创新体系。作为地方科技政策的制定主体，地方人大及各级政府机构，综合运用财政、税收、金融、人才培养和知识产权等多类型的政策工具，制定并颁布的科技政策，进一步作用于科技机构、高校、企业以及中介机构等各类科技创新主体，目标是引导和规范创新主体在基础研究、技术开发、技术转移到产业化等创新链条各个环节的创新行为。地方科技政策体系作为国家创新体系的重要组成部分，丰富了我国科技政策的多样性，并且有利于促进各地区科学技术的协调发展。

5.1　基于文本分析法的政策差异性测度构建

使用文本分析方法对政策差异性进行研究时，如何度量区域政策的差异性问题即转化为如何建立适当的确定分析类目和建立定量测度指标问题。在构建科技政策差异性测度体系时，不仅要考虑到政策颁布的时间、部门、类型等基本信息要素，还要更进一步地使用文本分析工具有效地挖掘政策内容，然后进行量化计算，最后综合所得到的定性和定量化信息以测度政策差异性。本书构建了我国科技政策半结构化的文本数据库，各省政策主要来自该省人大常委会、省人民政府、省科技厅、省财政厅、省发改委、省工信委（信息产业厅、经信委）、省商务厅（经贸委）、省教育厅、省农业农村厅、省人力资源和社会保障厅（人事局、劳动保障局）、省知识产权局等政府机构的官网。并且，本书研究把中国法律法规信息系统里所记录的科技政策法律法规作为参照和补充。本章以数据库中的安徽、河南、湖北、湖南、江西和山西等中部地区六个省份制定和颁布的科技政策条文（2006～2014 年）为主要研究对象。

5.1.1　确定分析的信息单元和类目

文本分析需要根据研究目的确定最小的测量分析单元。篇章、段落和句子都可以成为分析单元。在文本分析方法论中，研究人员所设计的分析单元被称为"编码单元（coding units）"。类目是测量分析的工具，是以研究目的为指导而设计的将资料内容进行分类的项目和标准。类目的确定方法主要有：其一，从对样本的观察分析归纳中得来；其二，根据理论概念要求或已有的文献，在数据收集以前就确定好类目；其三，结合理论和已有的文献，根据具体的研究需要，综合筛选和改进变量的定义和测量方法，从而建立类目。霍斯提（Holsti，1969）从类目角度出发，认为编码单元是能够放到某项类目中的具体内容。在本书研究中，政府机构颁布的每一份文件首先被确定为一个信息单元；本书研究在参考已有文献对科技政策的编码及分类的基础上，对政策样本进行精读并分析总结，最终归纳出政策分析的类目主要有政策基本信息、政策制定主体和政策具体工具等，如表5.1所示。

表5.1 分析类目的确定

基本信息			制定主体			政策工具	
省份	政策名称	颁布时间	参与部门	参与部门数量	政策效力	科技投入	……

政策效力是从省级行政权力结构与政策类型的角度，将科技政策分类为地方法规、地方政府规章、省委和省人民政府规范性文件、省人民政府规范性文件、颁布部门含科技厅的规范性文件、省政府其他部门规范性文件。政策工具是达成政策目标的具体手段，本书研究参考《规划纲要》实施细则所包含的十类政策工具，考虑到税收政策的颁布权利在中央政府，地方科技政策中的税收优惠条款都是在重复国家相关的政策，本书研究剔除税收优惠、加强统筹协调两类政策工具，将中部地区科技政策工具划分为八类，分别为科技投入、金融支持、政府采购、引进消化吸收再创新、人才队伍、创造和保护知识产权、教育与科普和科技创新基地与平台等。

5.1.2 样本编码及编码信度检验

本章对政策文本采用逐条编码的方法，最后筛选共得到618条科技政策条文，将每条政策作为最小信息单位，根据已构建的政策分析类目对政策进行编码，得到科技政策文本编码表。省份、政策名称、颁布时间、参与部门等信息从收集的政策文本中直接抽取。判断每条政策所使用政策工具的具体步骤是：第一步，以《规划纲要》配套政策实施细则的分类为依据，确定每类政策的关键词。例如，"科技投入"政策类别的关键词为"经费""资助""基金"等。第二步，以关键词搜索各地科技政策法规，进行文本分析，并辅以人工阅读识别科技政策条文方法，将含有相应关键词的政策归入八类政策工具的某一类或是某几类。由于每条政策或含有多种政策工具，本书研究采用二值数据"1"（包括或属于）和"0"（不包括且不属于），对每个信息单元作出判断，包括或属于某类政策工具就用 1 表示，反之则用 0 表示。这样，编码直观易懂并且便于后期的统计分析。最终编码结果如表 5.2 所示。

表 5.2　　　　　　　　　　　科技政策文本编码（样例）

基本信息			制定主体			政策工具						
省份	政策名称	颁布时间（年）	参与部门	参与部门数量	政策效力	科技投入	金融支持	政府采购	引进消化吸收再创新	人才队伍	创造和保护知识产权	教育与科普	科技创新基地与平台
安徽省	安徽高校省级工程技术研究中心建设与管理办法	2006	省教育厅	1	其他部门规范性文件	1	1	0	1	1	1	1	1
安徽省	安徽省"十一五"高新技术产业发展规划	2006	省政府	1	省政府规范性文件	1	1	1	1	1	1	0	1
…	…	…	…	…	…	…	…	…	…	…	…	…	…
河南省	"创新型科技团队"认定及管理办法（2007）	2007	省科技厅、省财政厅	2	颁布部门含科技厅的规范性文件	1	0	0	0	1	0	1	1

本章研究在参考以往文献中记载的政策编码技术基础上，经向科技管理者与相关学者咨询，制定了编码工作标准。然后在三名数量经济学专业的研究生组成的研究小组协助下，完成了本章涉及样本的编码工作标准，包括信度检验。整个信度检验包括两次：预试验时和正式编码前。

首先，在编码训练时进行第一次信度检验，测试编码者之间的一致性程度。我们从 618 条科技政策中随机抽取 20 项，由每位成员独立地根据编码标准对上述政策进行编码。经过 3 名研究生的初步编码，发现颁布时间、参与部门、政策效力三个变量的简单一致率分别为 81.3%、54.6%、47.2%，政策工具类下的八个变量在剔除随机因素之后的一致率总体达到80.6%。显然，初步的测试结果表明颁布时间及政策工具的编码信度较高，而政策效力的测试结果不令人满意。我们再次组织研究小组进行讨论，分析各自分歧的原因，主要原因在于参与测试者对科技政策定义及界定、内容及形式都较不熟悉。故小范围地对测试者进行了相关知识的培训，并根据反馈进一步制定出提高准确度的方法，统一已编码的信息的结果。

其次，在正式编码工作之前再一次进行信度检验，我们从剩余的588条科技政策中随机抽取60项，由两名正式编码者独立编码，结果表明，政策效力等变量的简单一致率约达到85%以上，政策工具类的剔除随机因素的一致率约达到85.7%，说明编码的一致性较好。这样的试算过程可以较好地保证最终结果的信度，符合本书研究需要。

5.2　区域科技政策差异性分析

以2006~2014年中部六省颁布的科技政策条文为例，从时间和地区两个维度对科技政策的数量进行统计，结果如表5.3所示。从地区维度分析，各省颁布的科技政策总量的平均值为103条，湖南、安徽、湖北三省颁布的政策总量较多，而江西、河南、山西的政策条文总量较少。其中，湖南省的政策数量最多，约为数量最少的山西省政策条文数的2倍。

按发文年度对各省科技政策数量进行分析（见表5.3），各省份所颁布的政策条文数量在时间上起伏较大，且通过图表分析及相关系数检验得出各省的变化趋势显著地不一致。然而，各省颁布的政策总量在时间序列上却呈现明显的趋同性，各省在2006~2007年和2011~2012年政策制定和颁布数量较多，而其他年的政策数量相比这两个时间段明显减少。2006年国家颁布了《规划纲要》及其配套措施、实施细则，以及"十一五"和"十二五"规划的实施，较好地促使地方各级政府机构为落实国家层面科技政策，以及根据区域社会经济特点，经研究而制定和颁布了地方科技政策，以促进区域科技创新和科技进步。统计分析各省科技政策文本，发现各省在2006~2007年结合区域特点分别颁布了各省的科技规划纲要及配套措施，也出台了与科技创新密切相关的"十一五"规划，结果是2006～2007年各省的科技政策数量明显增长；而2011～2012年各省科技政策的出台则受到各地"十二五"规划的实施及各省人民政府制定的与科技创新密切相关的指导性意见的影响。

表5.3   中部六省科技政策条文分布   单位：条

地区	2006年	2007年	2008年	2009年	2010年	2011年	2012年	2013年	2014年	合计
湖南	16	18	7	14	15	19	24	21	10	144
安徽	16	10	17	17	10	23	12	9	5	119
湖北	18	14	9	12	18	13	7	9	11	111
江西	12	12	6	10	13	7	12	14	5	91
河南	9	6	9	8	4	16	13	7	11	83
山西	4	23	4	4	3	9	10	8	5	70
合计	74	84	53	65	63	87	78	68	47	618

5.2.1 政策效力差异性分析

从省级行政权力结构与政策类型的角度，将科技政策分类为地方法规、地方政府规章、省委和省人民政府规范性文件、省人民政府规范性文件、颁布部门含科技厅的规范性文件、省政府其他部门规范性文件等六种政策形式，六类政策形式分别代表着不同的政策效力。中部六省不同效力科技政策的数量分布如图5.1所示。

对科技政策条文进一步地梳理和研究，我们发现中部六省所制定和颁布的科技政策中，法律效力较高的政策较少，而法律效力较低的政策一般由省政府及其构成部门或机构颁布的办法、意见、通知等政策类型占了大部分比重。2006～2014年，中部地区新颁布或修订的与科技创新相关的地方法规主要包括9类共22部，但是从中部地区科技政策整体来看，地方法规的种类和数量所占比例都非常少。除法律外，政策效力较强的政府规章和省委省政府规范性文件比重也很小，仅占政策总数的6.3%；相对而言，政策效力不高的省政府构成部门颁布的规范性文件，则占了所有政策的2/3，一共有399条。

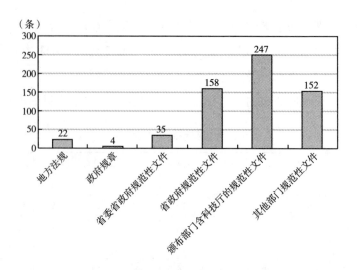

图5.1 中部六省不同效力科技政策的数量分布

如果分析中部各省不同效力科技政策的比例分布，我们发现各省颁布的各类政策占各自政策总数的比例在数值上有差异，但各类型政策的比例分布大体相似，如图5.2所示。各省各类文件所占比例大体类似，也体现了上一章研究得出的结论：我国行政管理体系具有"上行下效"的特点。地方各级政府在促进科技创新方面的举措法律效力较低，未能充分发挥其主观能力性。

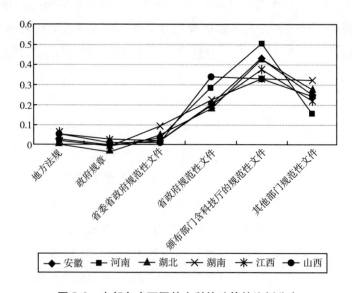

图5.2 中部各省不同效力科技政策的比例分布

5.2.2 政策协同差异性分析

根据本书所给定的科技政策定义"由一国或地方政府机构为促进经济社会发展，基于社会需求在不同阶段制定颁布的，一系列用于规制和激励全社会从事知识发现、积累，及应用于技术创新行为的政策集合。包括规划计划、法规条例、决定、办法、措施，以及相应的实施细则、意见建议等"，各地方政府组成机构，包括省人大常委会、省委、省政府、省财政厅、省发改委和科技厅是科技政策制定的主要机构；省教育厅、省人力资源和社会保障厅等部门为规制和激励全社会从事知识发现、积累，及应用于技术创新等行为而制定颁布的政策也被纳入科技政策范围。中部六省各主要部门参与颁布的科技政策占该省政策总数的比例情况如表5.4所示。各省政府、省科技厅、省财政厅三个部门参与颁布的科技政策比重较大，省科技部门参与制定和颁布的科技政策占比在1/3～1/2，尤其是河南的比例达49.4%，科技部门制定和颁布科技政策的主要职能得到体现；各省25%～37%的科技政策是由省政府联合颁布；省发改委、省教育厅、省人力资源和社会保障厅（包括合并前的省人事厅、省劳动保障局）等参与颁布了一定数量的科技政策，但所占比重较小。

表5.4　　　　　　　　中部六省各主要部门参与颁布政策的比例　　　　　　单位：%

部门	安徽	河南	湖北	湖南	江西	山西
省人大常委会	4.2	1.2	3.6	2.1	4.4	5.7
省委	7.6	4.8	5.4	8.3	3.3	1.4
省政府	28.6	33.7	26.1	31.3	35.2	37.1
省科技厅	42.9	49.4	43.2	34.0	37.4	32.9
省财政厅	14.3	22.9	18.0	14.6	13.2	11.4
省发改委	3.4	1.2	3.6	3.5	9.9	12.9
省教育厅	5.0	10.8	12.6	13.2	9.9	7.1
省人力资源和社会保障厅	2.5	6.0	9.0	2.1	4.4	10.0
省知识产权局	1.7	7.2	4.5	9.7	5.5	2.9
省工信委或省经信委或省经贸委	9.2	0.0	2.7	6.3	0.0	7.1
省商务厅	2.5	0.0	0.9	0.0	0.0	4.3
省农业厅	1.7	1.2	0.0	0.7	1.1	5.7

对比分析各省各部门颁布的科技政策比例，可发现：（1）河南省财政厅和科技厅颁布的科技政策比重远超其他省份，说明河南省在科技创新领域更重视财政管理措施，同时河南省科技厅在制定和颁布科技政策过程中的地位较高。（2）与其他省份相比，山西省各部门颁布政策比例分化较大。中部六省中，山西省科技厅和财政厅颁布的科技政策占比最少，但山西省人大常委会、省政府、省发改委、省人力资源和社会保障厅颁布的科技政策却占比最多。山西省煤矿资源丰富，经济发展的路线与其他省差异较大，这可能使得山西省颁布科技政策的主导和配合机构与其他省相比差异较大。（3）湖北省教育厅与省人力资源和社会保障厅颁布的培育并支持科技人才的政策远多于其他省份；湖南省教育厅和知识产权局出台的政策最多，较为重视教育和基础研究以及知识产权保护。两个省份较为重视"科技以人为本"的政策理念。

省人大及其常委会、各省人民政府由于地位的特殊性，一般独立颁布科技政策纲领性或指导性文件。而各省人民政府还有众多的下属组成部门，各部门都有具体的职责分工，科技部门主要承担了科技宏观管理职责。同时科技政策制定需要考虑到政策的综合性和可行性，科技部门联合其他部门一起制定和颁布科技政策已成为新时期的常态，一方面考虑到科技政策具有较强的专业性和针对性特点，另一方面也加强了科技政策制定主体间的协同性。对中部六省各条科技政策按参与部门数量进行统计，可比较各省科技政策的部门协同情况，结果如表5.5所示。

表5.5			科技政策颁布部门数量的占比情况			单位：%
部门数	河南	湖北	湖南	江西	安徽	山西
1个机构/部门发文	67.47	67.57	69.44	70.33	78.15	80.00
2个机构/部门发文	24.10	22.52	24.31	16.48	14.29	5.71
3个机构/部门发文	1.20	1.80	2.78	3.30	2.52	4.29
4个机构/部门发文	2.41	3.60	2.08	8.79	0.84	5.71
5个及以上机构/部门发文	4.82	4.50	1.39	1.10	4.20	4.29
部门联合颁布占比	32.53	32.43	30.56	29.67	21.85	20.00

各省由单一部门或机构颁布的政策分别占各地区政策总量的2/3以上，

其中，山西、安徽两地单一部门颁布的科技政策的比例明显大于其他省份，其部门联合颁布的政策占比分别为 20% 和 21.85%，可见两省科技政策制定主体之间的协同性较差；由两个部门或机构联合颁布的政策相对较少，除山西省政策占比较小之外，其他省份的比例范围在 14%～25%；由三个及以上部门或机构联合颁布的政策占比相对更小。综合可知，河南、湖北、湖南、江西科技政策的制定主体间协同度较高，联合颁布的科技政策数量所占比重均达到 30% 左右。

5.2.3 政策工具应用差异性分析

科技政策工具在本书研究中主要被分为"科技投入""税收激励""金融支持""政府采购""消化吸引再创新""人才队伍""创造和知识产权保护""教育和科普""创新基地与平台""加强统筹协调"等 10 种手段。其中考虑到"税收激励"和"加强统筹协调"等手段的使用方面，地方政府具有的自主权较少，一般是"上行下效"，贯彻和落实国家层面的科技政策。本章仅考虑其他 8 种政策工具。中部六省 2006～2014 年所采用的各政策工具所占比例如图 5.3 所示。需要说明的是，大多数科技政策涉及的面较广，可同时涉及

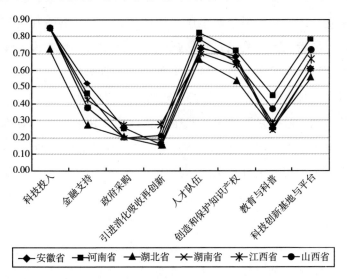

图 5.3　科技政策工具分布

多类政策工具。科技政策在实践中往往会综合使用多种政策工具，呈现以下特点：（1）科技规划基本上运用了5~8种政策工具，这主要是科技规划的政策属性决定的；（2）针对科研和建设项目、科研基地等的科技政策，都会强调加强创新人才的培养，体现了项目、人才和基地统筹安排的原则，说明了科技投入、人才队伍建设、科技创新基地与平台三类政策工具一般是配合使用；（3）部分政策会使用单一政策工具，并且主要是应用税收激励、金融支持、创造和保护知识产权中的某一种工具。

由图5.3可知，各省采用的主要政策工具的分布大体相同，政策工具占比数值在各省之间仅有少量差异。科技投入、人才队伍、科技创新基地与平台三类政策工具在科技政策中都运用得最多；其次是创造和保护知识产权、金融支持，而教育与科普、引进消化吸收再创新及政府采购政策工具运用得较少。表明：（1）各省重视政府在科技投入中的引导作用。科技投入政策工具主要包括政府资金投入和创新主体自有资金投入。2006年至今，我国中央政府及地方政府充分发挥了其在科技投入中的支撑和引导作用。一方面加大财政投入；另一方面积极引导社会资金投资科技创新。（2）人才队伍、科技创新基地与平台建设是创新的基石，是科技创新不可或缺的要素，政府在政策制定时较为重视。（3）我国行政管理体系具有"条块结合，上行下效"的特点。一般地，国家层面科技政策所采用的政策工具，各省在区域政策上因仿效而趋同。尽管八类政策工具对加强中部地区创新环境建设都发挥着重要作用，但制定科技政策时，各区域更需要根据本省地域资源特色，经济发展现状，以及人文环境等特点，选择使用较为合适的政策工具。

我们注意到，政府采购政策工具很少被政府采用。许多学者因此也提出要加强这方面政策的制定，但在政府采购自主创新产品政策的制定和落实时，我国中央政府一直遭遇来自国际的一些压力，做出了"中国的创新政策与提供政府采购优惠不挂钩"的对外承诺，这直接影响了政府采购政策工具的后续运用。2007年，国家制定了一系列有关自主创新产品政府采购的实施细则，中部各省在2007~2011年先后出台了政府采购优先使用自主创新产品相关政策及相关实施细则（如《××省自主创新产品政府采购管理办法（试行）》《××省自主创新产品认定管理办法（试行）》）。中央政府在2009年正式开展自主创新产品认定工作，但国家层面的"政府采购自主创新产品目录"并未出台；某些省份尽管出台了地方性政府采购目录，例如中部地区的湖南、江西，然而，地方政府采购目录对政府采购来说影响不是很大。由于种种原因，国家并未出台创新产品目录，甚至在2011年，国家开展了创新政策与提供政府采购优惠挂钩相关文件清理工作，中央及地方政府随后发文废除了政府采购优先使用自主创新产品相关政策，预示着政府采购自主创新产品政策难以制定和颁布。

从政策时间和部门、政策效力、政策工具等方面对中部各省科技政策差异性进行分析，研究发现：其一，湖南、安徽、湖北颁布科技政策较多，但各省每年新颁布科技政策的数量不具有稳定性，政策颁布受国家宏观层面的科技规划的影响较大，在"十一五"和"十二五"规划的开年科技政策颁布的数量明显上升；其二，政府部门之间的协同性、各部门参与颁布政策的比例在每个省份都具有较大差异性；其三，各省九年来所有的科技政策，各省不同效力的政策的比例分布和政策所使用的政策工具分布趋势大体相同，但比例的具体数值在各省之间有一定的差异。政策制定颁布部门不同意味着政策效力不同，并且政策条文数量也影响到政策作用的发挥。在政策测度变量构建时应给予适当考虑。

5.3　科技政策作用与技术创新绩效：
一个基于面板数据的应用研究

科技政策是政府为弥补市场失灵，促进公共部门和私人部门的技术创新，而制定的一系列干预、规制和引导科学研究、公共技术开发以及促进科技成果产业化政策工具的组合（盛建新，2002）。科技政策内容导向、颁布部门和政策工具组合形式等影响政策执行力度、科技投入结构，以及创新产出效率（刘凤朝，2007、2009）。在渐近式转轨经济改革进程中，在各地区市场发展极不平衡（王小鲁，2004），区域经济社会发展和创新能力存在差异（周立，2005）的背景下，是否有证据说明，各地区科技政策内容和形式存在显著差异，有差异的科技政策是否对科技创新产生不同影响？更进一步，科技政策又是通过何种机制发挥作用？科技政策从制定实施，到作用于科技活动，再到产出过程中的因果关系，地方政策法规的中介作用、层级效应需要实证检验。证据应用于探索我国科技政策演变进程中，各地区政策差异性及其对科技创新的影响，研究科技政策发挥效用的内在机理，评价科技政策实践是政策分析的核心工作。

随着区域创新系统的建立与不断完善，不同地区科技政策差异所引起的经济后果研究逐渐引起学者们的关注。目前，评估科技政策对于技术绩效乃至经济绩效的定量研究较少，国内对科技政策绩效评价一般采取政策结果代替政策本身，从而建立评价指标体系进行评估的办法，并没有将政策内容量化并引入实证模型。这实际上忽略了政策本身，无法评估科技政策的实际作用效果。将政策量化，并把计量经济建模方法应用于我国科技政策分析的相关研究较少（章刚勇，2016）。

5.3.1　研究假说

经济学家一般认同良好的制度设计对经济增长具有贡献，甚至认为制度在社会中起着或发挥了根本性的作用，建立科学的生产演化的动态理论必须要考虑制度因素，因为制度对社会的长期经济绩效有着基础性的决定作用。鲍威尔逊（Powelson，1994）揭示了制度在长期经济发展中的核心作用，认为只有借助于这样的规则，协调才能得以实现，社会生产性才会被有效发挥，经济效率和生活水平才会提高。罗伯特（Robert，1991）等认为，政治制度通过制定的规则可以约束市场和政府的行为，有效的制度能够影响科技进步和可积累的生产要素的投入，最后实现经济增长。

政策即是一种制度，许多学者已经证明了政府科技投入等创新政策在宏观层面能够促进经济增长，也有许多学者研究科技政策对区域经济和产业经济的影响，周明等（2011）用政府 R&D 投入来衡量政府的支持力度，实证发现政府资金对新产品销售收入显著正相关。朱平芳等（2003）实证发现，不同来源的 R&D 投入对专利产出的影响是不同的，企业自筹的 R&D 和科技开发贷款等对专利产出有着显著的正向作用，政府对企业科技开发拨款资助则对专利产出的作用是间接且缓慢的。仲为国等（2009）通过将政策进行类量化，通过构建实证模型证明了政策协同对宏观经济增长的影响存在方向性差异，其中，其他经济措施与金融外汇、财政税收以及人事措施的协同对经济绩效产生了显著的正的影响，但是财税措施以及其他经济措施与行政措施的协同，却造成了总产出的显著下降。并通过进一步研究发现，创新政策整体力度对技术绩效指标都产生了显著的正面贡献；创新政策的部门协同促进了专利授予数的提高，而对于重大发明创造和新产品产出比率的贡献却是负的。尚倩等（2010）发现，创新资金措施政策和创新产出保护政策对浙江知识创造能力有显著的正向贡献；程华等（2013）发现，创新政策效力对我国的发明专利申请数和拥有数具有正向影响，对新产品产值的影响不显著。因此本节假说陈述主要包括以下四点。

假说 1：政策效力对技术产出具有显著的正向影响；

假说 2：政策协同度对技术产出具有显著的正向影响；

假说 3：政策效力对经济绩效具有显著的正向影响；

假说 4：政策协同度对经济绩效具有显著的正向影响。

5.3.2　主要变量与模型构建

为探究科技政策的效力和实施情况，除了定性评估，还可采取测量政策内容本身，将制度因素定量化并引入计量模型以对政策进行评估。如何将科技政策进行测度并转化为定量化数据，以及如何选取合适的指标度量政策的经济后果或技术创新绩效？上述两个问题是实证模型构建中较重要的环节，影响到研究的可靠性。

1. 科技政策测度变量

参考仲为国（2009）、程华（2013）和汪涛（2013）等在科技政策量化方面的研究方法，本章主要从政策效力、政策部门协同度两个方面对各省科技政策进行量化，构建了两个科技政策测度变量。

（1）科技政策效力变量。

一般认为，制定和颁布政策的政府部门的行政级别对科技政策的效力影响很大，以行政权力结构与政策类型来评价政策的力度是较为合适。考虑到政策内容也能够部分说明政策力度，但政策等政府公文行文规范性较强，对政策内容本身的审读难以发现政府态度的强弱。然而，政策内容中所能发现的为达政策目标而采用的手段，即政策工具的选用能较好地反映政策效力。综上所述，我们从政策颁布部门的行政级别和政策内容所涉及的政策工具两个方面对政策效力进行量化。在参考科技管理部门和相关研究者建议后，两者的权重各被设置为50%，具体计算公式为：

政策效力 =0.5×包含的政策工具数量 +0.5×政策效力等级值

依据省级政策的等级给政策赋值标准如下：

4 分——各省人民代表大会及其常务委员会颁布的地方法规，各省人民政府颁布的地方政府规章；

3 分——各省省委和省人民政府联合颁布的战略、意见、措施等；

2 分——各省人民政府颁布的规划、意见、建议等规范性文件，科技厅参与颁布的规范性文件；

1 分——各省人民政府其他部门（除科技厅外）颁布的规范性文件。

按照上述标准，分省份对 2006 ~2014 年的科技政策效力进行测量。首先使用式（5.1）对各年度各省政策效力进行累积，得到各省当年颁布的科技政策效力的年度数值：

$$TP_{it} = \sum_{n=1}^{N} P_{itn} \qquad (5.1)$$

其中，P_{itn} 表示 i 省份 t 年度第 n 条政策的政策效力，TP_{it} 表示省份 i 第 t 年当年颁布的全部政策的力度，$t \in [2006, 2014]$。其中，$n \in [1, N]$，N 表示 i 省第 t 年颁布的政策总数。

如果某部政策未被废除，则一直对该地有影响，虽然随着时间的推移政策存在效力递减的情况，但是减少的程度很难量化，这里简单地以截止到某年已颁布的政策法规的累积力度代表该年的政策效力，即利用式（5.2）计算各省各年度科技政策效力的得分：

$$NTP_{it} = NTP_{it-1} + TP_{it} \quad t \in [2006, 2014] \quad\quad (5.2)$$

其中，NTP_{it} 代表 i 省 t 年度科技政策的总力度。同时根据某部政策的废止、到期等情况调整某年的科技政策总力度的得分值。

（2）政策协同度变量。

政策部门的协同度指的是某部政策颁布实施过程中政府各部门之间的合作程度，政府各部门之间存在行政权隶属上下级关系，并且即使同一级别的行政部门，其管理权限或事务上也存在一定差异。比如省财政厅、省发改委等部门与省教育厅等部门级别相同，但权限不同。部门之间合作的真实协同程度受政策效力影响。因此，本书研究参考已有文献的做法，用某项政策效力和联合颁布的部门数量综合度量政策协同度。为了考察联合颁布政策的部门协同情况，利用式（5.3）和式（5.4）计算政策部门协同度。

$$DS_{it} = \sum_{m=1}^{M} NOD_{itm} \times P_{itm} \quad\quad (5.3)$$

$$TDS_{it} = TDS_{it-1} + DS_{it} \quad t \in [2006, 2014] \quad\quad (5.4)$$

我们使用联合颁布政策的力度值（P_{itm}）和颁布部门数量（NOD_{itm}）相乘的方法代表政策的协同度，即 $NOD_{itm} \times P_{itm}$。其中，i 代表省份，t 代表时间，$m \in [1, M]$，M 表示 i 省第 t 年联合颁布的政策总数，$M < N$。DS_{it} 代表 i 省 t 年度当年颁布的科技政策的协同度，TDS_{it} 代表 i 省 t 年度科技政策总的协同度，计算方法和政策总力度的计算方法式（5.2）类似，这里不做赘述。

2. 技术产出与经济绩效变量

科技政策支持是科技投入与产出系统中重要的输入因素，势必会影响创新产出和产生经济效益。为了评价科技政策的经济后果，必须选取准确并且简单明了的指标来反映科技政策所带来的直接产出和经济效益。科技研发活动的直接产出包括知识和技术产出，如科技论文数量、专利申请量、专利授权量、技术市场成交合同额等；科技成果进一步转移转化将产生经济效益，反映创新活动所带来的经济效益的指标有高新产业产值、新产品销售收入和新产品出口额、人均生产总值等。衡量科技活动绩效的指标有许多类，每类下面包括许多详细指标。本书研究在指标选取上，以科学性、代表性和实用性为原则，依据文献记载和本书第 3 章应用 Meta 分析法对文献整合和分析的结果，选取了较为合适的三个指标，分别为：发明专利申请受理量、技术市场成交合同额和工业企业新产品销售收入指标。其中，技术产出变量分别为国内发明专利申请受理量与技术市场成交合同额；经济效益指标为工业企业新产品销售收入。

（1）发明专利申请受理量与技术市场成交合同额。

专利代表技术发明活动的产出，专利包括实用新型、外观设计和发明专利三种类型，其中发明专利的科技含量最高，是衡量科技产出的重要指标。考虑到从专利申请到授权，其间可能存在 1~2 年的时滞，专利申请受理量可能是一个更加能反映当年创新绩效的指标（詹宇波，2010），而发明专利从申请到授权更是需要 3 年左右的时间，所以我们选取发明专利申请量度量科技政策的技术绩效。

格里利克斯（Griliches，1990）指出，并不是所有的发明都能够申请或是被授权专利，而且已授权的发明在质量及实际经济价值上有很大差别。因此，专利数据并没有包括全部的技术创新成果，也不能用于比较创新成果之间的重要性，用专利来衡量创新产出有着数量上和质量上的不一致性（李习保，2007）。为弥补发明专利指标的这种缺陷，在设定技术绩效的衡量指标时不仅要考虑专利数量，而且还要考虑使用货币指标来衡量科技政策的绩效。技术市场成交合同额是指登记的合同成交总额中明确规定属于技术交易（技术开发、技术转让、技术咨询、技术服务）的金额，技术市场成交合同额中很大部分是科技产出交易所带来的经济成果，可用以表示科技政策的技术产出。

（2）工业企业新产品销售收入。

新产品是经政府有关部门认定并在有效期内的产品，也包括企业自行研制开发，以及未经政府有关部门认定，从投产之日起一年之内的新产品。新产品是企业创新的最终成果，许多学者使用有关新产品的指标测度创新的经济效益，比如新产品销售收入、新产品产值、新产品产出比率等。而我国的各类统计年鉴中各省的工业企业新产品销售收入指标数据较完整。因此，本书研究选取了工业企业新产品销售收入作为科技政策的经济效益指标。

本章除政策测度变量之外的其他变量指标，数据来源于《中国统计年鉴》《中国科技统计年鉴》《工业企业科技活动统计年鉴》（2005～2015 年）。除了上述统计指标外，实证分析中我们还用到三个指标，即各省 GDP 指数、居民消费价格指数以及固定资产投资价格指数。按第 3 章分析结果，以及考虑到数据的可获得性，本章采用的数据格式为面板数据，即 2006～2014 年中部六省的平衡面板数据。

3. 模型构建

区域是一个具有多重投入和多重产出的复杂的知识生产系统，科技人力资源、R&D 资本、科技政策要素等投入经过研发和转化将产生论文、专利等直接产出；知识成果通过后续的转化推广，通过进一步生产将得到改进的产品和服务等产出。2006 年国家及各地颁布了科技规划纲要，科技政策体系也进入新的发展阶段，本章重点探索中部地区的制度因素对创新产出的影响，考虑到研发创新过程非常复杂并具有不确定性，在较短的时间序列及有限的区域内，知识生产函数并不一定能有效测度相应的投入产出现象，本书借鉴以往研究，将研发资本存量、研发人力资源投入及制度因素引入计量模型，目的是研究制度因素对创新产出的影响。本书基于中部地区 2006～2014 年的面板数据构造计量模型（5.5），并考虑到不同指标单位不统一所带来的非线性问题而对所有数据进行对数处理。

$$\ln Y_{it} = \alpha + \beta_1 \ln K_{it} + \beta_2 \ln L_{it} + \beta_3 \ln P_{it} + \beta_4 \ln DS_{it} + \mu_{it} + \varepsilon_{it} \quad (5.5)$$

其中，Y 代表技术和经济产出，使用国内发明专利申请受理量、技术市场成交合同额、工业企业新产品销售收入三个指标度量；K 代表研发资本投入存量；L 代表研发人力投入；P 代表政策效力；DS 代表政策部门协同度；i 和 t 分别代表省份和时间；μ_{it} 表示模型的随机扰动项。本章实证部分的相关变量介绍如表 5.6 所示。

表 5.6 变量定义

变量类型	变量名称	变量代码	变量定义
被解释变量	政策技术产出	PAR	国内发明专利申请受理量
		DTC	技术市场成交合同额
	政策经济效益	NPS	工业企业新产品销售收入
解释变量	创新资本投入	K	R&D 经费内部支出存量
	创新劳动投入	L	R&D 人员全时当量
	科技政策效力	P	政策效力
	科技政策协同度	DS	政策协同度

有关变量的数据处理的方法说明如下。

（1）剔除物价变动等因素对资金量数据的影响。为了剔除物价变动、通货膨胀等因素对分析的影响，我们对技术市场成交合同额、工业企业新产品销售收入两个指标，以 2005 年为不变价，使用 GDP 平减指数，对数据进行平减处理。

（2）R&D 经费内部支出存量的计算。R&D 经费对科学技术进步起着重要的促进作用，R&D 经费支出具有累积作用，在进行创新的投入产出效率等相关问题的研究时，需要使用 R&D 资本存量数据。R&D 资本存量的研究很多，本书研究借鉴已有研究，测算本研究实证部分的 R&D 经费内部支出存量数据，主要步骤如下。

第一，考虑到通货膨胀等因素对指标的影响，构建 R&D 支出价格指数并用该指数调整各年的 R&D 经费内部支出。本书研究借鉴朱平芳等（2003）的研究，将 R&D 支出价格指数设定为消费价格指数和固定资产投资价格指数的加权平均值，其中消费价格指数的权重为 0.55，固定资产投资价格指数的权重为 0.45。

第二，根据格里利克斯（1998）和吴延兵等（2006）的研究，计算中部六省基期 R&D 内部支出存量，基期的 R&D 资本存量为：

$$K_{i0} = R_{i0} / (g + \delta) \tag{5.6}$$

其中，g 表示 R&D 资本的平均增长率，δ 表示折旧率，R_{i0} 表示基期 R&D 支出。假定 R&D 资本存量的增长率等于每年 R&D 支出的增长率（吴延兵，2005），本书研究使用中部六省在 2006～2013 年 R&D 支出增长的算术平均值（21%）表示 g，而折旧率 δ 则参考 OECD 国家的知识折旧率定为 15%，R_{i0} 选取 2005 年各省 R&D 支出的数据。

第三，采用国际上通用的永续盘存法推导出 2006～2014 年各省的 R&D 资本存量。计算公式为：

$$K_{it} = (1 - \delta)K_{it-1} + R_{it} \tag{5.7}$$

其中，K_{it} 表示省份 i 在 t 年的 R&D 资本存量，R_{it} 表示省份 i 在 t 年的 R&D 资本流量。

4. 模型估计与检验方法

使用面板数据分析时，首先需要考虑使用固定效应模型、随机效应模型或者混合回归模型。从宏观经济现实角度看，使用面板数据建模，一般包含时间项和个体（区域）项，对模型估计或验证的经济理论会产生影响，需要被控制。故，经济领域的研究者多使用固定效应模型，而较少使用随机效应模型。本章主要考察中部地区科技政策对创新产出的影响，许多不可观测的因素对科技政策的实施力度造成影响，而由于每个省份的情况有所差异，可能存在不随时间而变化的遗漏变量，所以考虑使用个体固定效应模型，个体固定效应模型可以将这类个体差异通过截距项的不同来说明。我们利用 SAS 软件包中的 proc panel 进行统计分析，分别使用 F 检验、Hausman 检验（Greene，2001）判别模型的选择，结果表明以国内发明专利申请受理量（PAR）、技术市场成交合同额（DTC）为解释变量的模型适合采用固定效应模型，而以工业企业新产品销售收入（NPS）为解释变量的模型适合采用随机效应模型。考虑到固定效应模型对参数估计的一致性较好，并且各省份具有对时间变化较不敏感的地域特点，比如自然资源、人文环境和经济地理因素等，在模型搭建中可能有所遗漏，影响模型估计的一致性。故本章采用单边固定效应模型研究科技政策对创新产出或绩效的影响。衍生出如下三个模型以对创新绩效的影响因素进行分析：

$$\ln PAR_{it} = \alpha + \beta_1 \ln K_{it} + \beta_2 \ln L_{it} + \beta_3 \ln P_{it} + \beta_4 \ln DS_{it} + \mu_i + \varepsilon_{it} \tag{5.8}$$

$$\ln DTC_{it} = \alpha + \beta_1 \ln K_{it} + \beta_2 \ln L_{it} + \beta_3 \ln P_{it} + \beta_4 \ln DS_{it} + \mu_i + \varepsilon_{it} \quad (5.9)$$

$$\ln NPS_{it} = \alpha + \beta_1 \ln K_{it} + \beta_2 \ln L_{it} + \beta_3 \ln P_{it} + \beta_4 \ln DS_{it} + \mu_i + \varepsilon_{it} \quad (5.10)$$

其中，i 和 t 分别表示省份和时间，μ_i 表示省份虚拟变量，ε_{it} 表示模型的随机扰动项。

5.3.3 实证结果分析

表 5.7 对中部各省份 2006～2014 年科技政策效力及协同度进行了描述性统计。中部各省的政策效力和政策协同度具有较大差异，其中，安徽、湖南、湖北三省的政策效力和协同度较强，江西、河南、山西则相对较弱；各省在 2006～2014 年，政策效力波动较大的为湖南，较小的为山西，而政策协同度波动较大的为湖北，波动较小的为江西。从前面分析我们得知，中部各省不同效力政策的比例和政策所使用的不同政策工具的比例的数值有差异，这对各省的政策效力具有影响。又由于各省的政策数量的累积促使政策效力逐年增强，并且各省政策数量差异性较大，这对各省政策效力产生了主要影响。另外，从上节可知，各省联合颁布的政策数量差异较大，因此，各省政策效力和政策颁布部门数量对政策协同度差异影响较大。

表 5.7　　　中部各省份 2006～2014 年科技政策效力及协同度比较

地区	政策效力（P）				政策协同度（DS）			
	Mean	Std. Dev.	Min	Max	Mean	Std. Dev.	Min	Max
安徽	211.83	98.70	61.5	332	185.39	76.15	55	268
湖南	189.78	108.58	33.5	351.5	152.94	77.14	34	252
湖北	167.89	77.79	52	273.5	148.5	86.65	31	280
江西	147.39	67.95	42.5	244.5	143.44	42.66	55	195.5
河南	130	71.77	34	237.5	118.28	64.02	14	195
山西	116.83	52.76	8.5	187.5	114.56	43.44	0	139

1. 科技政策对技术产出的实证结果

在计量方法论上面板数据模型可分为四种：单边固定效应模型、双边固定效应模型、单边随机效应模型和双边随机效应模型。我们分别用 F 检验和 Hausman 检验谨慎选择模型。以国内发明专利申请受理量（PAR）、技术市场成交合同额（DTC）代表技术产出，作为被解释变量，其检验结果如表 5.8 所示。Hausman 检验结果不能拒绝有固定效应的单边模型；F 检验结果拒绝了无固定效应模型。两种检验方法相互印证。最终我们选择单边固定效应模型进行估计，估计方法选择 FGLS。

表 5.8   模型选择的检验结果

模型	Hausman 检验				F 检验			
	单边随机效应模型		双边随机效应模型		单边固定效应模型		双边固定效应模型	
	LM 统计量	P 值	LM 统计量	P 值	F 统计量	P 值	F 统计量	P 值
模型（5.8）	2.07	0.72	10.86	0.01	12.52	<0.00	5.77	<0.00
模型（5.9）	2.2	0.33	9.46	0.02	14.67	<0.00	6.68	<0.00

使用 FGLS 估计方法分别对式（5.8）和式（5.9）进行估计，结果整理如表 5.9 所示。对其他三类模型试算估计结果显示，估计系数符号相同，只是显著性略有差异。

表 5.9   科技政策效力、协同度等对技术产出的影响

变量	发明专利申请量（PAR）	技术市场成交合同额（DTC）
R&D 经费存量（K）	1.2968 *** （0.2725）	2.1786 *** （0.4294）
R&D 人员全时当量（L）	0.8518 ** （0.3551）	1.3155 ** （0.5595）
政策效力（P）	0.2962 *** （0.0944）	0.2841 * （0.1488）
政策协同度（DS）	-0.6220 ** （0.1103）	-0.7091 *** （0.1788）
常数项	-18.7967 *** （1.8413）	-4.3541 （2.9014）
R 方	0.9598	0.8781

注：*** 表示在 1% 的水平上显著，** 表示在 5% 的水平上显著，* 表示在 10% 的水平上显著，省份虚拟变量的结果略，表中括号数值为标准差。下同。

从表 5.9 中可以看出，R&D 经费内部支出存量、R&D 人员全时当量、政策效力及政策协同度对发明专利申请量都存在显著的正向影响；政策效力变量对发明专利申请量与技术市场合同成交额皆有正向影响，说明政策效力的加强可以提高技术产出。与我们预期相符，假说 1 得以验证。然而，政策协同度对发明专利申请量和技术市场合同成交额均产生较为显著的负向影响，假说 2 难以得到印证。经模型调整试算，考察政策协同度滞后一阶、二阶项作为变量，放入模型，估计结果仍改变不了当期政策协同度变量对被解释变量产生显著的负向影响。进一步地试算，当解释变量仅为政策协同度变量时，却显著为正。当解释变量为政策效力与政策协同度时，政策效力变量系数显著为正，政策协同度变量系数尽管为正，然而却不显著。这与仲为国（2009）等的研究结论较为类似，政策协同对技术产出影响方向不明或具有负向影响。

政策协同度越高，发明专利申请量和技术市场合同成交额却下降，这与本章的预期不一致。我们给出的解释是：尽管一般地，多部门协同更能发现科技活动中的关键问题进而制定出更有效的科技政策，在政策实施过程中也能够集合各方力量支持和引导信息、资金、人力资源进行有效配置，最终对技术创新产出有积极影响，政策协同度对专利申请数等技术产出应该有正向作用，然而，当控制了 R&D 投入、政策效力等解释变量时，政策协同度对专利申请数影响不显著或甚至有负向解释作用。事实上，科技创新与社会经济发展紧密联系，政府下属各部门经常参与制定与本部门有关的科技政策，但在政策实施过程中，"政出多门"很可能出现扯皮推诿的现象，对科技政策的效能具有较严重的影响，也就是如果联合颁布的政策在制定和实施时各部门之间合作出现问题，并且由于多部门协作，审批流程和手续较烦琐，可能对创新产出产生负面影响。

2. 科技政策对经济绩效的实证结果

对于模型（5.10），估计科技政策效力、政策协同度对经济效益的影响，其中被解释变量是工业企业新产品销售收入。尽管在模型选择方面，Hausman 检验不能拒绝使用固定效应模型，F 检验也拒绝了模型中无固定效应的原假设，我们仍给出结果对比，如表 5.10 所示。估计结果显示，政策效力变量估计系数为正，却不显著，而政策协同度变量对新产品销售收入影响方向却不明确。政策变量对新产品销售收入无解释作用。注意到R&D经费存量与R&D人员全时当量对经济效益影响仍显著为正。若删去R&D投入变量试算，政策效力、政策协同度却对新产品销售收入具有显著的正向解释作用。

表5.10 科技政策效力、政策协同度等对经济效益的影响

变量	工业企业新产品销售收入（NPS）	
	固定效应模型（单边）	随机效应模型（双边）
R&D经费存量（K）	0.5519 ** (0.2095)	0.4539 ** (0.2118)
R&D人员全时当量（L）	0.7627 *** (0.2730)	0.8259 *** (0.2264)
政策效力（P）	0.0934 (0.0726)	0.1109 (0.0743)
政策协同度（DS）	− 0.0934 (0.0726)	0.0190 * (0.0828)
常数项	− 1.2374 (1.4155)	− 0.3728 (1.4835)
模型选择检验	F = 13.20（p < 0.0001）	LM = 7.29（p = 0.1212）
R^2	0.9629	0.9069

3. 一个技术层面的反思

表5.9和表5.10所展示的实证结果，并不能证实如前所述的假说2、假说3和假说4。并且即使把模型调整为双边固定效应模型、单/双边随机效应模型，也不能验证假说。在此，不可回避一个技术问题，即模型中可能存在的多重共线性。使用面板数据建模，在相关教科书或经典文献中，多重共线性问题一般不给予考虑，理由是面板数据本来就可缓解共线性问题，且时间序列一般比截面的个体数据列要长，变量在时间维度上的相互依赖不被认为是多重共线性问题。

尽管如此，一方面，在模型试算过程中发现，当模型中部分解释变量被删除时，政策变量单独对被解释变量影响显著为正，所有假说都成立。解释

变量之间存在的共线性问题不能被面板数据计量模型较好地得以解决。另一方面，科技政策对科技投入和产出均产生影响，由此推测科技政策影响技术产出的路径并非简单直接，其传导路径可能是科技政策同时影响科技投入和技术产出；并且通过科技投入再间接影响技术产出。另外，模型中使用政策效力、政策协同变量只是反映科技政策效能的两个变量，且两变量相互关联，政策协同度越高，政策效力越高；同时，发明专利申请量、技术市场成交合同额和工业企业新产品销售收入也只是反映技术产出的三个维度。而结构方程模型建模技术能较好地解决上述问题。尽管本节的假说 2、假说 3 和假说 4 未能得以验证，但给出了一个对科技政策传导机制的初步印象。

5.4　科技政策传导机制：　一个基于结构方程的应用研究

5.4.1　假说提出与路径图构建

上一节推导出的结论即为本节的主要主张：科技政策影响技术产出的路径并非简单直接，其传导路径是科技政策同时影响科技投入和技术产出；并且通过科技投入再间接影响技术产出，若该主张能成立，其政策意义在于，现阶段科技政策偏向于科技投入，包括人力、物力等方面的科技投入，然而政策却忽视了科技投入到产出之间的转化效率和效益。主张可较清晰地表述为图 5.4 所展示的科技政策传导机制路径图。

使用结构方程路径图一般绘制作法中，矩阵方框表示显变量，一共有政策效力、政策协同度、R&D 经费、R&D 人时当量、专利数、技术成交额和新产品收入等 7 个；隐变量有科技政策（FP）、科技投入（FT）、科技产出（FE）等 3 个，使用椭圆表示。科技产出（FE）包含了技术专利产出和技术经济产出两层意思，在这点上和上节略有不同，该隐变量使用了三个显变量反映式表述，分别为专利数、技术成交额和新产品收入；科技投入（FT）隐

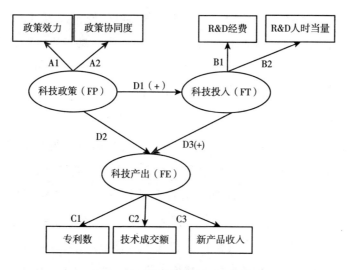

图 5.4　科技政策传导机制路径

变量使用了 R&D 经费和 R&D 人时当量两个显变量反映式表述；科技政策（FP）使用了政策效力和政策协同度两个显变量反映式表述。其中，A1、A2；B1、B2；C1、C2、C3 是图外部结构路径系数；D1、D2、D3 是图内部结构系数。为使图 5.4 简洁，图中各变量自带的误差项略去。

路径图中的内部，即三个隐变量之间的箭头指向即是科技政策传导机制，科技政策直接影响科技投入和科技产出；科技政策通过科技投入影响科技产出。我们较正式提出本节假说如下。

假说 1：科技政策直接正向影响科技投入，即路径系数 D1 显著为正；

假说 2：科技政策通过科技投入间接正向影响科技产出，即路径系数 D3 显著为正，而系数 D2 不显著。

5.4.2　结构方程模型应用方法论

结构方程模型，对隐变量使用多重指标反映，可以缓解及评价变量测度误差；并且可以验证理论框架所设定的多个因素以直接或间接路径相互影响的复杂层级关系。结构方程模型已成为市场研究，以及社会学科研究中用于探索隐变量之间因果关系的一种拟标准（quasi-standard）工具（Barbin et al.，

2008)，LISREL，AMOS，SPSS，SAS 和 R 等多种软件包都可以被应用于结构方程建模。结构方程建模估计程序分为两类：一类是基于协方差估计的 CB - SEM（covariance based-structure equations modeling）估计程序（Jöreskog et al.，1993）；另一类是基于方差估计的偏最小二乘法估计 PLS - SEM（partial least squares-structure equations modeling）程序（Wold et al.，1985）。

和回归分析与因子分析等统计方法相比，结构方程模型是个较新的方向，相关论文出现在 20 世纪 60 年代以后，其方法还在发展中（吴喜之，2013）。结构方程模型一般可被分解为测量方程和结构方程。采用一般的表述方法，方程（5.11）用于度量方程系统内部隐变量 η 和 ξ 之间的因果关系，反映模型内部结构；测量方程如式（5.12）和式（5.13）所示，用于度量隐变量与显变量之间的关系，反映模型外部结构。式（5.12）和式（5.13）中的显变量 X 和 Y 被设定为反映式变量。

$$\eta = B\eta + \Gamma\xi + \zeta \qquad (5.11)$$

$$Y = \Lambda_y \eta + \varepsilon \qquad (5.12)$$

$$X = \Lambda_x \xi + \delta \qquad (5.13)$$

CB - SEM 程序一般假定误差项 ζ，ε 与 δ 服从正态分布，且相互独立，具有式（5.14）表述的均差和协方差结构。

$$E(\xi) = 0, E(\varepsilon) = 0, E(\delta) = 0$$

$$Cov(\xi) = \Psi, Cov(\eta) = \Phi; Cov(\varepsilon) = \Theta_\varepsilon, Cov(\delta) = \Theta_\delta \qquad (5.14)$$

估计方程可以显性地表达成式（5.15），式（5.15）等号左边为样本协方差矩阵（已知），等号右边为总体协方差矩阵（由未知参数构成）。CB - SEM 程序的估计准则是使度量样本协方差矩阵与总体协方差矩阵的偏离程度的函数达到最小值（收敛准则）。估计方法主要包括极大似然估计、广义最小二乘估计和加权最小二乘估计等。

$$\begin{bmatrix} Cov_x & Cov_{xy} \\ Cov_{yx} & Cov_y \end{bmatrix} = \begin{bmatrix} \Lambda_x \Phi \Lambda_x' + \theta_\delta & \Lambda_x \Phi \Gamma'((I-B)^{-1})' \Lambda_y' \\ \Lambda_x \Phi \Gamma'((I-B)^{-1})' \Lambda_y' & \Lambda_y (I-B)^{-1} (\Gamma \Phi \Gamma' + \Psi) \Lambda_y' \end{bmatrix}$$

$$(5.15)$$

1. 由度与模型识别

对于式（5.15）的估计，比较方程的个数与待估计参数的个数，存在模型识别不足、恰好识别与过度识别三种情形：如果自由度大于 0，则为识别不足；自由度等于零则为恰好识别；自由度小于零，则为过度识别。自由度等于样本协方差矩阵中有效元素个数（一个 $n \times n$ 维的协方差矩阵，有效元素个数为 $n(n+1)/2$）减去待估的未知参数个数。自由度是结构方程模型中较为重要的概念（刘军，2007），正确计算自由度需要区分内生变量与外生变量，一般认为在模型系统中，不受其他变量影响的变量是外生变量，在路径图中，可通过箭头指向识别，只有箭头指出、没有箭头指入的变量为外生变量，其他则为内生变量。路径方向改变可能导致内生变量与外生变量角色转换，影响模型的自由度，从而影响模型的识别状态，尤其是模型外部结构的路径方向的改变。

对于结构方程模型识别不足、恰好识别状态，在满足收敛准则的前提下，参数仍能被估计，但参数检验统计量和模型拟合指标不能被计算或无意义；识别不足是 CB－SEM 估计较为理想状态，但可能出现参数估计之间存在线性依赖现象，这些被认为是 CB－SEM 估计程序固有的缺点。然而，对于模型过度识别，或模型拟合程度不足，以及在模型估计过程中出现的异常问题（误差项方差估计为负），可通过事先固定外部结构路径系数，或通过设置显变量协方差、方差等自由参数等方法得以改善。

2. 反映式显变量与构成式显变量

反映式显变量与构成式显变量的识别是较为容易的，如图 5.4 的矩形框中变量所示，外部结构路径中被箭头指向的显变量为反映式显变量，反之则为构成式显变量。在测量模型中，隐变量在反映式结构中是显变量的一个公共因子，模型的误差项属于显变量；而在构成式结构中，隐变量是显变量的一个线性组合，误差项属于隐变量。测量模型的错误设定不但可能影响模型的识别，而且影响到模型的估计结果。然而，反映式或构成式显变量的事先设定却颇具争议。长期以来，研究者认为可观测的外在表象是事物内在属性的反映，反映式结构占支配地位，并且想当然地把构成式结构当作反映式结构的对立，而不是一种可选结构（Rigton，2014）。构成式结构的反对者认为研究者试图使用一组显变量的线性组合形式估计隐变量方差，验证显变量是否为隐变量的原因，但前提是前定的潜在因素（误差项）对一组显变量具有一致的且可加总的影响，而这些是不可知的（Cadgon et al.，2013）。但该观点很快遭到严厉反驳，里格顿（Rigton，2014）认为，前定的潜在因素和构成式显变量不能共存于结构方程模型中，持该观点的作者忽视了一个数学等式，并缺乏想象力，阻碍了研究领域多样性发展。反映式结构与构成式结构选择是个哲学思辨的问题，不仅取决于隐变量的概念所隐含的因果指向，而且还取决于商业实践对概念的度量及架构（Finn et al.，2014）。

尽管社会学科学术研究者普遍反对数据导向型（data-driven）的统计建模方式，而支持理论导向型实证研究模式。事实上，社会学科理论具有的模糊性、难被证伪（布劳格，1992；张杨，2007）等特点，使得在大多数研究情境中，区分实证研究是以理论验证还是以理论探索，或以预测为研究目的较为困难。研究者对相关理论的反思更新，或研究角度不同，都可能使得结构方程模型路径的某个箭头指向方向改变，甚至某条路径被先验的截断，导致不同的结构方程模型设定对应不同的理论框架或因果关系。

3. 基于协方差矩阵估计法与偏最小二乘估计法

章刚勇（2015）关注了结构方程模型应用的几个重要问题，包括反映式和构成式显变量设置，比较了 CB-SEM 与 PLS-SEM 两类估计程序的主要差别；然后以惠顿（Wheaton，1977）等研究使用的模型为正确模型，设计了三种模型设定，对随机模拟产生的两组具有给定协方差结构的正态和非正态随机样本，分别采用 CB-SEM 与 PLS-SEM 估计程序对三种模型设定估计，通过收集模型拟合指标和内部结构系数估计值及显著性程度，比较了两类估计程序对模型结构变化的反应。主要结论如下。

（1）CB-SEM 拟合指标对数据形态反应显著，但拟合指标变动不能被模型设定差异所解释；PLS-SEM 拟合指标对模型设定差异反应显著，但主要局限于对模型外部结构变化反应，拟合指标变动不能被数据形态差异所解释。

无论 CB－SEM 还是 PLS－SEM 估计程序，拟合指标的变动大部分被随机抽样误差所解释。两类程序的拟合指标不被建议应用于判断模型设定优劣。

（2）在模型被正确设定的前提下，CB－SEM 与 PLS－SEM 估计程序所得出的估计结果较为一致。PLS－SEM 估计程序得出的内部结构路径系数估计稳定性较高，但对模型结构变化反应不敏感；相比而言，CB－SEM 估计程序得出的内部结构路径系数估计稳定性较弱，但对模型结构变化反应较敏感，尤其是模型外部结构变化。当结构方程模型被用于探索性研究时，本书建议采用两类程序交叉验证，当两类程序估计的结果较为一致时，结论较为可靠。

（3）关于 CB－SEM 估计程序的使用。CB－SEM 估计的模型收敛性、可识别性或估计中出现的异常（比如方差为负，被估计出的参数存在线性依赖），可以通过经验或试算，固定某些自由参数值，或通过选用适当的优化方法，或调节收敛准则而得以改善。若样本量过小，数据形态偏离正态较严重，在模型收敛的前提下得出的系数估计，也可使用 bootstrap 方法实施参数检验。

（4）关于 PLS－SEM 估计程序的使用。样本量小，数据具有非正态分布特征，模型具有混合式的显变量结构等，并非是选用 PLS－SEM 程序的理由。PLS－SEM 估计程序对模型结构变化反应不敏感，甚至即使是模型中某条路径方向的改变，可能意味着其对应的因果关系的逆转。因此，只有当模型结构有较强的社会学科理论支撑，PLS－SEM 估计程序应用于理论验证才较为合适；而当模型结构缺乏较为严谨的理论支撑时，PLS－SEM 估计结果较不可靠。故不建议 PLS－SEM 估计程序单独应用于探索性研究。

5.4.3　检验结果与分析

在该研究情境中，一方面，科技政策传导机制不明确又缺乏规范的理论支撑；另一方面，科技政策作为公共政策，是政府基于社会需求在不同阶段变化而审时度势制定颁布的，具有稳定性较弱而时效性较强的特点，故本节研究实证部分也难以区分是理论或经验验证，还是理论探索。尽管如此，其研究目的仍是科学论证我国现阶段科技政策得失，探讨我国科技政策作用机理，评价政策效果，为提高我国科技政策质量提供参考建议。

PLS – SEM 估计程序对模型结构变化反应不敏感，因此，章刚勇（2015）认为在缺乏较为严谨的理论支撑时，PLS – SEM 估计程序不被建议单独应用于探索性研究。比较而言，CB – SEM 估计程序对模型结构变化反应较不敏感，估计所得出的系数相对较稳定。并且当模型被正确设定时，两类程序的估计结果较为类似。故我们把 CB – SEM 估计程序作为模型估计和检验的主程序，并采用 PLS – SEM 估计程序交叉验证。

传导机制路径图由 9 个线性方程组成线性方程组。其中，外部结构含有 7 个线性方程（线性方程组（I）），内部结构含有 2 个线性方程（线性方程组（II））。外部结构系数估计结果如表 5.11 所示，三组系数体现了三组显变量对科技政策作用、科技投入和科技产出等三个显变量的反映程度，系数皆显著为正，较符合研究预期。其中，显变量表述和定义与上一节相同；以线性方程（1）为例，P 表示政策效力变量，FP 表示政策隐变量，EX1 表示方程自带的误差项，A1 表示路径系数，Std Err 和 tValue 分别表示标准误和 t 值。线性方程组（I）中含有 7 个反映式方程，变量表述类推。

表 5.11 路径图外部结构系数估计结果

线性方程组（I）		
FP：科技政策；FT：科技投入；FE：技术产出		
P = 1.4111FP + 1.000EX1		(1)
Std Err	0.0681	A1
tValue	20.730	
DS = 0.9576FP + 1.000EX2		(2)
Std Err	0.0990	A2
tValue	9.6752	
L = 1.0010FT + 1.000EY1		(3)
Std Err	0.0628	B1
tValue	15.941	
K = 1.0871FT + 1.000EY2		(4)
Std Err	0.0626	B2
tValue	17.357	

续表

线性方程组（I）		
PAR = 1.3456FE + 1.000EZ1		(5)
Std Err	0.0453	C1
tValue	29.690	
NPS = 1.0754FE + 1.000EZ2		(6)
Std Err	0.0522	C2
tValue	20.606	
DTS = 0.9942FE + 1.000EZ3		(7)
Std Err	0.0880	C3
tValue	11.296	

路径图内部结构系数估计结果如表 5.12 所示，内部结构由两个线性方程组成，表述了科技投入、科技政策与技术产出三者之间的关系，对应着路径图内部结构箭头指向。科技政策作用于科技投入和技术产出；科技政策通过作用于科技投入间接作用于技术产出。其中，前者由第一个线性方程表述；后者由第二个线性方程表述。估计结果显示，在第一个方程中，科技政策作用于科技投入的系数 D1 估计值为 1.0116，t 值为 11.260，估计系数显著为正。科技政策显著正向作用于科技投入，本节第一个假说得以验证；第二个方程表述了科技投入和科技政策作用于技术产出的效果，科技政策变量的系数 D2 估计值为 0.3056，t 值为 1.3054，估计系数不显著为正；科技投入系数 D3 的估计值为 1.3054，t 值为 9.361，估计系数显著为正。联立两个线性方程，路径系数 D1 和 D3 显著，而系数 D2 不显著，印证了本节提出的第二个假说，科技政策通过作用于科技投入间接影响技术产出。一方面，体现了科技政策作用的传导机制；另一方面，也体现了现阶段我国科技政策偏向于科技投入，包括人员和经费投入等，而对于科技投入到技术专利产出的效率，以及技术转化为生产力之间的效率效益的政策缺乏，或缺乏有效的规范或约束。在我国大多科研机构也存在"重立项，轻产出"的事实，甚至以科研经费申请金额作为对科研人员或科研机构的主要考核指标之一。如何激励或规范科技投入向技术产出转化等问题应成为下一阶段科技政策制定的重点或方向。

表 5.12 路径图内部结构系数估计结果

线性方程组（II）			
FT：科技投入；FP：科技政策；FE：技术产出			
FT = 1.0116FP + 1.000E1			(1)
Std Err	0.0898	D1	
tValue	11.260		
FE = 0.3056FP + 1.152FT + 1.000E2			(2)
Std Err	0.2341	D2	0.120	D3
tValue	1.3054		9.361	

结构方程模型拟合结果显示：模型经迭代了 15 次达到了收敛，目标函数值为 0.4864，卡方统计量值为 25.78，服从自由度为 6 的卡方分布，GFI 值为 0.8610，RMSEA 估计值为 0.2494。模型拟合指标表现较不理想，结构方程模型应用者一般被建议拟合指标 RSMEA 应小于 0.05，GFI 大于 0.9，卡方检验所得的 p 值应大于给定的显著性水平等，而章刚勇（2015）通过随机模拟研究发现，拟合指标只能反映抽样误差和数据形态差异，与模型设定无关。尽管如此，我们实施两个稳健性检验（检验结果略）：（1）对原路径图实施 PLS－SEM 程序，采用莫奈克（Monecke，2012）所开发和贡献的"semPLS"R 软件包的默认设置，内部结构权重矩阵设置采用 Centroid 方法，参数检验采用 bootstrap 方法，自抽样次数为 500。估计结果显示系数均显著为正，但与 CB－SEM 程序估计结果相比，系数估计值变化较大。（2）通过剪去科技政策（FP）到技术产出（FE）之间的路径，再实施 CB－SEM 程序，结果发现各系数正负性和显著性没有发生变化，路径图外部结构及内部结构系数估计值变化都较小，拟合指标变化也较小。综上，我们认为根据图 5.4 展示的模型路径结构，实施 CB－SEM 程序的估计结果是较为稳健的。

5.5 小 结

区域科技政策是各地为促进地区科技进步、提升本地综合实力，依照国家法律法规并结合当地实际，由地方人大和政府部门制定的一系列地方法规、规章、战略、规划、办法等制度。这些科技政策以地方法规、地方政府规章、地方政府规范性文件等形式颁布。本章基于文本分析法，以中部地区六省为例，构建了区域政策差异性测度体系，从政策效力、政策协同性、政策工具应用等方面定量分析了中部六省省级层面科技政策差异。发现，尽管我国行政管理体系具有"上行下效"的特色，区域科技政策仍在政策条文数、政策参与制定和颁布的机构数、政策工具应用等方面存在差异。

在第 5.3 节，本章构建了政策效力和政策协同度两个变量用于实证分析区域科技政策绩效，给出了政策效力、政策协同度对技术产出和经济绩效都有显著的正向作用的假说，并采用面板数据计量经济方法建模分析。然而，大部分假说难以得到经验论证。单独地，政策效力和政策协同度分别对专利申请数等技术产出的度量变量具有正向影响作用，然而当控制了 R&D 投入、政策效力等解释变量时，政策协同度对专利申请数影响不显著或甚至有负向解释作用。我们初步解释为，在政策实施过程中，"政出多门"很可能出现扯皮推诿的现象，对科技政策的效能可能会产出负面影响，也就是如果联合颁布的政策在制定和实施时各部门之间合作出现问题，并且由于多部门协作，审批流程和手续较烦琐，可能对创新产出产生负面影响。

在第 5.3 节，我们如实地呈报了进行各类试算的实证结果，并在技术层面对面板数据建模应用于科技政策绩效分析作了反思。一方面，我们认为本章借鉴文献中的政策协同度变量构建方法仍需要进一步深入细致的研究。这可能也是研究局限性所在之处。另一方面，认为科技政策作用于技术产出并非简单直接，科技政策影响技术产出的传导机制需要做探索性的研究。在第 5.4 节，我们根据上一节的研究结果，提出了"科技政策通过影响科技投入间接正面作用于技术产出"的政策传导机制设想，把政策效力与政策协同度作为科技政策作用的反映式变量，把 R&D 经费、R&D 人时当量作为科技投入的反映式变量，而把专利申请数、技术市场合同成交额、企业新产品销售收入作为技术产出的反映式变量，绘制了相应的路径图，较为规范地构建了假说；然后详尽地探讨了结构方程模型应用方法，以 CB－SEM 估计程序对模型进行了估计和检验，随后进行了稳健性检验。结果经验论证了我们提出的科技政策传导机制，即科技政策影响科技投入间接作用于技术产出，而科技政策对技术产出直接影响较弱。

现阶段我国科技政策偏向于科技投入，包括人员和经费投入等，而对于科技投入到技术专利产出的效率，以及技术转化为生产力之间的效率效益等方面政策缺乏，或缺乏有效的规范或约束。如何激励或规范科技投入向技术产出转化等问题应成为下一阶段科技政策制定的重点或方向。因此，本章既在方法论上对如何量化政策内容以及统计方法选择探索等方面具有较好的借鉴作用，又具有较好的政策实践意义。

第6章
科技政策实施现状与企业需求分析：
以江西省为例

　　科技政策与国家的科技创新、企业创新、经济发展等方面都是紧密联系的，科技政策的构建和完善是一个国家科技创新以及经济水平提升的关键，在促进企业科技创新方面发挥着重要作用，是增强国家竞争力的必要条件。2005 年科技部颁布了《国家中长期科学和技术发展规划纲要（2006～2020年)》，制订了"走自主创新道路，建设创新型国家"的战略，为落实这一战略，江西省人民政府及相关部门出台了一系列科技政策，内容涉及经费补助、税收优惠、风险规避、企业融资、人才引进与成果推广等企业创新活动的各方面与全过程，旨在通过科技政策引导、协调、促进与控制企业自主创新，增强企业核心竞争力进而推动经济增长。在此背景下，明确科技政策对企业自主创新的作用机理，了解科技政策实施现状，分析政策实施过程中出现的各类问题的成因，反映新时期企业对科技政策的诉求，对科技政策制定和实施、对科技管理工作都有较好的实践意义。政策实施是个复杂的过程，了解政策实施现状，检测政策实施效果与进度，可以反馈政府办事效率，为政府相关工作考核提供现实依据；反映政策实施过程中的问题，分析问题成因，为政府宏观调控与企业战略调整提供参考；收集企业诉求与建议有利于政策进一步的实施与政府新一轮政策的制定。

　　本章以江西省统计局主要发起的一项问卷调查为研究对象，问话于科技政策需求方企业，试图了解企业研发现状、科技政策在实施过程中所遇到的问题，以及企业对科技政策诉求，以缓解其与政策供给方政府之间的信息不对称。

6.1　调查背景简介

2013 年国务院办公厅出台了《关于强化企业技术创新主体地位　全面提升企业创新能力的意见》（以下简称国发 8 号文件）。该文件围绕强化企业技术创新主体地位、全面提升企业创新能力两大主题，以邓小平理论、"三个代表"重要思想、科学发展观为指导思想，确立了主要目标：到 2015 年，基本形成以企业为主体、市场为导向、产学研相结合的技术创新体系。培育发展一大批创新型企业，企业研发投入明显提高，大中型工业企业平均研发投入占主营业务收入比例提高到 1.5%，行业领军企业达到国际同类先进企业水平，企业发明专利申请和授权量实现翻一番。企业主导的产学研合作深入发展，建设一批产业技术创新战略联盟和产业共性技术研发基地，突破一批核心、关键和共性技术，形成一批技术标准，转化一批重大科技成果。企业创新环境进一步优化，形成一批资源整合、开放共享的技术创新服务平台，面向企业的科技公共服务能力大幅度提高，涌现出一大批富有活力的科技型中小企业和民办科研机构。到 2020 年，企业主导产业技术研发创新的体制机制更加完善，企业创新能力大幅度提升，形成一批创新型领军企业，带动经济发展方式转变实现重大进展。并指出进一步完善引导企业加大技术创新投入的机制、支持企业建立研发机构、支持企业推进重大科技成果产业化、大力培育科技型中小企业、以企业为主导发展产业技术创新战略联盟、依托转制院所和行业领军企业构建产业共性技术研发基地、强化科研院所和高等学校对企业技术创新的源头支持、完善面向企业的技术创新服务平台、加强企业创新人才队伍建设、推动科技资源开放共享、提升企业技术创新开放合作水平、完善支持企业技术创新的财税金融等政策这十二大重点任务。企业技术领域涉及高技术研发、电子信息、新材料、新能源、高效能源、生物医药技术（含农业、轻工）等十大技术领域。

国发 8 号文件的颁布，体现了政府为强化企业技术创新主体地位、全面提升企业创新能力的决心，为企业的自主创新活动提供了纲领性的指导，但该项科技政策的制定是否合理，实施效果是否达到既定目标，政策作用的方向、力度、重点是否有偏差，政策实施过程中是否有客观问题及出现这些问题的原因，政策是否满足企业的需求等问题尚未得到充分的分析与总结。围绕国发 8 号文件十二大重点任务设置了客观结构性的问题与主观开放式问题，客观结构性问题主要反映政策实施情况，主观开放式问题主要收集企业诉求与建议，由此构成问卷调查内容。共收回有效问卷 270 份，本章以江西省为例，围绕国发 8 号文件，分析科技政策落地实施现状及成因。

本次问卷调查于 2015 年主要由江西省统计局发起，调查对象为江西省各中大型企业。调查就国发 8 号文件企业对文件的了解程度与知晓途径进行了问卷调查，结果如表 6.1 所示。仅有 20% 的企业仔细阅读过，74% 的企业只处在翻阅过的状态，还有 6% 的企业没听说过。宣传手段比较单一，主要还是依靠政府宣传，网络宣传也仅达到 26%，其中网络包括政府部门官网和腾讯、搜狐等中介网络。其他途径中主要指科技项目培训与县科技局通知。

表 6.1　　　　　　　　企业对国发 8 号的了解程度与知晓途径

文件了解程度	企业占比（%）	企业主要知晓途径
比较了解，仔细阅读过	20	①政府宣传（55%）
了解，曾经翻阅过	46	②网络（官网、中介网络）（26%）
听说过，但没翻阅过	28	③报纸（17%）
没听说过	6	④其他（2%）

6.2　科技政策落地现状分析

根据问卷内容，我们把调查结果分解为本章所关注的四个模块，分别为企业技术研发状况、创新合作与支撑、金融财税相关政策和创新服务环境。

6.2.1 企业技术研发状况

企业技术研发状况调查被分为三个部分：企业技术创新投入、企业研发机构建设和产业技术研发基地建设调查。其一，企业技术创新投入。在被调查的企业中，95%的企业近三年研发投入逐年增加，另有5%的企业没有达到这一要求。在企业研发投入占销售收入的大致比例情况方面，约有半数以上的企业研发占比较小，研发占比不足5%；28%的企业研发占比处于5%～10%；7%的企业研发占比约在10%～20%；另有7%的企业研发占比超过了20%。被调查企业的平均研发占比约为7.97%。在企业研发投入自我评价方面，78%的企业表示企业当前研发投入比例能够满足企业技术创新需求，约有20%的企业表示不能满足自身创新需求。其二，在企业研发机构建设方面，94%的企业建立了研发机构，另外6%的企业则没有建立相关研究基地。建立了研发机构的企业主要拥有国家认定的企业技术中心、工程（技术）研究中心、博士后创新研究基地、企业重点实验室等国家级或省级研发机构。其三，产业技术研发基地建设调查。在被调查的企业中，34%的企业是相关单位产业共性技术研发基地的依托单位，66%的企业不是相关单位研发基地的依托单位。在加强共性技术研发和成果推广扩散方面，大部分企业表示获得过政府部门政策引导、项目指导、科技培训经费补贴等形式的支持，但有35%的企业表示尚未获得相关支持，并且进一步表示共性技术未能及时转化为科研成果、未能实现生产力是当前制约研发基地建设和技术扩散的主要问题。

6.2.2 企业创新合作与支撑

企业创新合作与支撑调查可分为产业技术创新联盟建设，企业与科研院所、高校等技术机构创新合作与创新人才队伍建设调查三个主要部分。

（1）产业技术创新联盟建设。40%的企业牵头或参与本领域相关产业技术创新战略联盟，企业参与联盟的积极性不高。参与创新战略联盟的企业认为政府部门倡导的以企业为主导发展产业技术创新联盟，在运行过程中存在的主要问题有：一是联盟效果不明显，联盟成员间合作较少，主要靠自身技术创新；二是企业自身缺少技术性人才；三是联盟体制不完善，没有实质意义上的利益链接。

（2）企业与科研院所、高校等技术机构创新合作。截至目前，企业与科研院所、高等学校技术创新合作主要采取三种方式：一是共建研发机构，实施合作项目；二是共建学科专业，联合培养人才；三是技术协作与交流。就被调查企业反映，合作费用高、层次低、范围小；连续性差、技术交流少；人才培养制度不健全、资金筹集困难、利益分配不公平等都是阻碍企业与科研院所、高等院校进行技术创新合作的主要因素。在被调查的企业中，22%的企业开展过国际创新合作，而大部分企业未曾开展过相关合作；开展国际创新合作的形式以人才引进和技术引进较为常见，而在共建研发中心、参股并购、专利合作或许可等方面较少。

（3）创新人才队伍建设。在被调查的企业中仅有17%的企业引进了海外高层次人才，83%的企业都未曾引进海外高层次人才。引进了海外高层次人才的企业在引进人才时获得海外高层次人次引进计划、创新人才推进计划等政策支持的有47%，另外53%的企业表示未得到相关政策支持。未得到政策支持的主要原因仍集中在三个方面：一是不了解相关政策；二是不符合条件；三是办理手续繁杂。企业出于自身创新需要，为吸引和凝聚创新人才，约有60%的企业实施了股权或分红激励措施，而约40%的企业则无相关激励措施。

6.2.3 金融财税相关政策

本次调查主要针对企业研发费用加计扣除政策和企业研发仪器设备加速折旧政策两项典型优惠政策进行调查，调查结果如表6.2所示。对于企业研发费用加计扣除政策，约52%的被调查企业曾享受过该项政策优惠，并且约半数以上企业认为政策作用很大或较大；未享受该项政策的主要原因仍是对政策不了解或申请手续烦琐，或其他主客观原因。在关于企业研发仪器设备加速折旧政策方面，仅有26%的被调查企业享受过该政策优惠，并且约有30%的企业认为该项政策会产生或产生了政策作用。未享受政策优惠的原因可归纳为对政策不了解、不符合优惠条件和申请程序烦琐等。

另外，在拥有研发机构的企业中，约57%的企业表示从未申请过进口科技开发用品税收优惠政策，9%的企业表示申请并享受过，3%的企业表示申请过但未能享受到，另有24%的企业没有作答。在开放式问答中，部分企业反映对政策内容及实施过程了解不够、进口科技开发用品分类界线不太明确、申请程序或手续较复杂是本企业未申请和享受该项税收优惠政策的主要原因。

被调查企业关于进一步落实政策的建议主要包括：加大政策宣传和讲解力度，增进政策制定实施方与需求方企业之间的信息对称度，降低企业申请政策优惠的条件和门槛，以及简化申请手续、建立高效审批程序等。

表6.2　　　　　　　　　　金融财税政策实施效果与相关建议

优惠政策	是否享受	政策作用	未享受的原因	进一步落实政策的建议
企业研发费用加计扣除政策	是（52%）否（48%）	很大（15%）较大（38%）一般（5%）很小（2%）未答（40%）	①不知道该政策；②不符合政策优惠条件；③政策申请手续烦琐；④出于企业策略放弃申请	①加大信息的公开和宣传；②加大优惠力度与加计扣除抵扣范围；③简化申请手续，建立高效审批程序；④规范立项管理，规范会计确认，规范加急审核
企业研发仪器设备加速折旧政策	是（26%）否（74%）	很大（8%）较大（13%）一般（9%）未答（70%）	①不知道该政策；②不符合政策优惠条件；③政策申请手续烦琐，申请成本高；④对政策无需求或需求不强烈	①加强对政策的宣传与讲解；②加大资金投入与补贴力度；③减少申请手续流程，降低申请成本和门槛；④降低政策享受条件，扩大设备目录范围

6.2.4　创新服务环境

对于政府所提供的企业创新服务环境及服务平台的使用等情况，结果显示，约有71%的被调查企业享受过技术创新服务平台或科技中介服务机构提供的服务，而约有29%的企业则表示没有享受过相关服务。未享受的原因主要集中在三点：（1）不了解相关政策；（2）缺乏平台服务机构或尚未建立服务机制；（3）申请手续烦琐。被调查企业建议公共服务平台还应提供或加强技术转移、知识产权保护和大型软件共用等服务内容。

关于公共科技资源的使用情况的调查，调查结果如表 6.3 所示。公共科技资源主要是以政府资金投资建设的科研设施和仪器设备等科技资源，包括技术创新服务平台，表中以外单位科技资源表示。约有 75% 的被调查企业使用过公共科技资源，而约 25% 的企业未曾使用过公共科技资源，其原因主要包括费用太高、手续烦琐以及平台缺乏贡献机制。对于在公共资源共享平台的企业自有的科技资源，约 53% 的企业资源被其他企业使用过。企业自有的科技资源不被共享主要原因在于不适合对外开放或其他企业无需求。公共科技资源开放共享方面存在的问题除了部分企业对相关信息不了解，共享平台进入门槛较高，还包括平台开放共享程度不够等。

表 6.3 公共科技资源使用情况

调查问题	调查结果
本企业是否曾使用外单位科技资源	是（75%） 否（25%）
企业不曾使用外单位科技资源的主要原因	①缺乏贡献机制；②费用太高；③手续烦琐
外单位是否曾使用过本企业拥有的科技资源	是（53%） 否（47%）
外单位不曾使用本企业科技资源的主要原因	①不适合对外开放；②外单位无此需求
目前公共科技资源开放共享方面存在的问题	①信息不对等，企业对公共科技政策资源相关信息不了解；②开放共享程度不够；③资源共享平台进入门槛较高，资源配置不均衡

综合调查结果，我们发现科技政策落地等问题主要集中表现在以下五个方面：（1）政策宣传不到位，企业对相关政策不了解甚至是没听说过。出现这种问题的原因主要是当前政府部门对科技政策的宣传力度不强，宣传手段也比较单一。本次调查就国发 8 号文件调查了企业对文件的了解程度与知晓途径，也仅有约 55% 的企业通过政府宣传才知晓。（2）部分政策准入门槛高，政策作用面不广。如对企业研发费用加计扣除政策、企业研发仪器设备加速折旧政策这两项典型优惠政策享用调查结果可以发现有将近 1/2 的企业没有享受到企业研发费用加计扣除政策，超过 70% 的企业没有享受企业研发仪器设备加速折旧政策。造成这种现象的原因主要是在政策制定时没有充分考虑到各企业在行业类型、企业规模、经营周期等方面的不同，对于一些处

在成长期的中小型企业的技术研发、创新活动作用不显著。（3）政策申请流程烦琐，落实周期长。这一点在优惠政策享用方面反映最为强烈，造成这种现象的原因是双边的。一方面，政府一些优惠政策客观上的确存在手续烦琐的现象，需要的证明材料繁多，审批过程涉及多个部门，现阶段政府部门之间不协调的现象仍然存在，各部门之间"打乒乓球"的现象屡见不鲜；另一方面，企业财务人员对政策理解不够透彻，没有充分了解政策申请程序，企业本身办事效率不高。（4）人才引进支持力度较低，企业缺乏人才引进机制。从创新人才队伍建设调查可以看到，仅有17%的企业引进了海外高层次人才，引进了海外高层次人才的企业在引进人才时获得海外高层次人次引进计划、创新人才推进计划等政策支持的只有47%。未得到政策支持的主要原因仍是企业不了解相关政策，相关手续办理繁杂。企业方面也只有60%的企业实施了股权或分红激励措施，激励措施比较单一，缺乏激励机制。（5）公共资源私有化，资源浪费现象明显。从公共科技资源开放共享调查可以发现一个很反常的现象：有75%的企业曾使用过外单位拥有的科技资源，但只有53%的外单位使用过本企业拥有的主要由政府投资建设的科技资源。究其主要原因还是企业出于自身利益考虑，都是最大化地占用公共科技资源并且伴随着极大的排他性，就企业反映企业不曾使用外单位科技资源的主要原因是缺乏共享机制、费用太高与手续烦琐，外单位不曾使用本企业科技资源主要原因是不适合对外开放与外单位无此需求，进一步地佐证了这一观点。

6.3 企业需求分析： 一个层次分析法的简单应用

政策实施是个复杂的过程，了解政策实施现状、检测政策实施效果与进度，可以反映政府办事效率，为政府相关工作考核提供现实依据；反映政策实施过程中的问题，分析问题成因为政府宏观调控与企业战略调整提供参考；收集企业诉求与建议有利于政策进一步的实施与政府新一轮政策的制定。政府是政策的供给方，而企业作为社会创新的主要单元，是科技政策的主要需求方，了解和分析企业对科技政策的需求，也即是调节政策供给与需求之间的平衡。

　　根据本次问卷调查的设计，结合企业在技术创新过程中对进一步落实政策的诉求与建议，本节从技术研发、创新合作与支撑、金融财税优惠和创新服务环境四个方面，进一步地构建企业政策需求指标体系（见表6.4中的准则层和指标层）。层次分析的第一步是构造准则层相对应的目标层判定矩阵。将准则层的四个指标进行两两比较，用数字1~9表示相对重要程度，数字越大表示越重要，经过相关专家判定，得到如下判定矩阵（见表6.4）。第二步是求解判定矩阵的特征向量与最大特征值。其中，特征向量经过归一化处理即为要求的权重向量，最大特征值用来对判断矩阵做一致性检验。经计算得到准则层的权重向量为（0.141，0.141，0.263，0.455），CR = 0.03，通过一致性检验。最后，分别构造指标层相对准则层的判定矩阵并计算对应的特征向量与最大特征值，构造原理与计算过程同上，分别得出准则层和指标层的相应权重，如表6.5所示。

表6.4　　　　　　　　　　　　判定矩阵表

	技术研发	创新支撑	金融优惠	服务环境
技术研发	1	1	1/2	1/3
创新支撑	1	1	1/2	1/3
金融优惠	2	2	1	1/2
服务环境	3	3	2	1

表6.5　　　　　　　　　企业对科技政策需求的指标体系

目标层	准则层	权重	指标层	权重
促进企业自主创新的政策需求	技术研发	0.141	引导企业加大技术创新投入	0.024
			支持企业建立研发机构	0.024
			支持构建产业共性技术研发基地	0.024
			将研发投入视为利润进行考核	0.071
	创新合作与支撑	0.141	建立产业技术创新战略联盟	0.011
			支持企业推进重大科技成果产业化	0.028
			加强科研院所、高校对企业技术创新的源头支持	0.028
			吸引和培训创新人才	0.074

续表

目标层	准则层	权重	指标层	权重
促进企业 自主创新 的政策需求	金融财税	0.263	为技术创新项目提供低息贷款	0.026
			加大创新产品税收优惠力度	0.079
			加大科研经费补助力度	0.079
			加大创新成果奖励力度	0.079
	创新服务 环境	0.455	完善技术创新服务平台	0.043
			推动科技资源开放共享	0.043
			简化申办程序，提高政府办事效率	0.114
			建立政策宣传与咨询平台	0.255

企业对科技创新具有较高的自发需求，其中，对金融财税相关扶持政策，以及对创新服务环境需求较高；对创新服务环境需求主要表现在对政策宣传力度不够和对相关申请审批手续烦琐不满，以及对科技中介服务的需求；企业明确科技以人为本，需要政府在地区层面出台较实在的激励政策，为企业吸引和培训创新人才；科技创新决定了企业在市场中的地位，企业有意愿自发地投入技术研发，希望政府对企业考核指标不再单纯是利税，还应包括研发投入指标。同时，企业希望政府继续加大力度鼓励创新，加大新产品税收减免的优惠力度，加大研发经费补助力度以及加大创新成果奖励力度。

6.4　小　　结

本章基于由江西省统计局主要发起的一项问卷调查，分析了科技政策实施现状，以及作为科技政策的主要需求方企业对科技政策了解程度、对政策落地过程中的意见和建议。上一章实证分析了政策效力、政策协同度对技术产出的作用，探索地研究了科技政策传导机制。其结论是在控制了科技投入等因素后，政策协同度对技术产出影响机制不明，科技政策通过科技投入间接作用于技术产出。本章研究发现，尽管地方政府响应国家政策，对区域科技政策制定和颁布具有"上行下效"的特点，然而在政策宣传方面，以及各政府部门协同服务于企业的工作方式和工作效率等方面还有待加强。因此，本章是对上一章的一个较好补充。本章主要结论和建议如下。

（1）加大政策宣传力度，提供政策咨询服务。通过本章分析发现，当前企业对科技政策需求的重点已不仅是政策本身，还有对政策的知晓与了解。科技政策作为规制和激励企业进行技术创新行为、提升企业创新能力的纲领性文件，保证所有企业对科技政策的了解是政策实施与落实的基础。因此，一是政府宣传部门应综合利用各种宣传手段，如政府书面发文，报纸，政府官方微博、微信公众号等现代化社会传媒，定时召开科技培训会议，建立政府宣传部门与企业公关部门对接机制，保证企业第一时间知晓政府相关政策动态；二是通过设立线下政策咨询机构与线上政策咨询平台，帮助企业挖掘政策细节信息，提高企业对政策的了解程度，同时收集企业反馈信息，及时了解政策实施过程中存在的问题，收集企业对进一步完善相关政策的诉求与建议，以缓解政府与企业之间的信息对称。

（2）发挥政府调控职能，提高科技资源利用率。现阶段科技政策普遍存在作用面较窄、利用率较低的现象，政府相关部门可以从以下两方面入手落实：一是适当降低政策享受条件，使更多的企业可以申请相关政策优惠，降低企业创新成本。根据企业所在行业和规模的不同，区别化政策享用条件，从而发挥更大的政策支持作用。二是目前，企业响应科技政策的主要目的是企业创新对创新科技政策提供资源的依赖，现阶段市场发育仍不完善，企业技术创新离不开政策的引导与规制。充分发挥政府在技术创新过程中的协调作用，均衡科技资源配置，保障企业公平使用公共科技资源的权利。

（3）完善政策评估机制，加大政策落实力度。由于科技政策已涉及新技术、新产业、人才培养和创新环境等多方面的经济社会、文化教育等内容，需要组织多学科或跨专业专家与科技管理工作者一起设计科学的评估体系和评估方法，并且不仅仍需要重视事后评估，还需要重视事中检测、事先预评估。相比而言，在政策执行过程中，若能制定一系列执行标准，并能落实到相关经办人和责任人，设计适当的监测评价机制，由第三方机构实施动态检测评价，在现阶段不失为一种较为务实的促使政策落地的手段。本书推荐神秘顾客调查法。

第 7 章
科技统计指标的数据质量评价：
以 R&D 投入指标为例

我国经过不断努力，逐步形成了一套比较完善、规范并与国际接轨的科技统计指标体系和统计制度，培养了一支具有专业化水平的统计人员队伍。我国科技统计工作体系涉及统计局、科技部、教育部、国防科工委等多个部门，大部分调查制度采取"地方为主，部门为辅，条块结合"的方式进行（施建军，2002），刘树梅（2007）较为系统地介绍了我国科技统计工作体系、科技统计调查体系和科技统计数据采集流程。数据采集的主要方式一般是由从事 R&D 活动的基层单位上报，地方科技局收表、录入审核，省科技厅收表审核汇总，最后上报科技部相关部门审核调整。我们安排本章的目的主要是对科技政策分析中的证据质量进行评价，科技统计指标是科技政策分析的主要证据之一，本章以科技投入指标为例，对科技统计指标的数据质量进行评价。

统计数据质量一般被认为是统计信息对用户需求满足的程度。随着我国经济的快速发展及国际地位的提高，官方统计数据的用户越来越多，统计数据质量和可信性问题也日益引起关注。统计数据质量问题一直是困扰中国统计部门的难题。郭红丽（2011）对宏观统计数据质量评估的研究范畴与基本范式作了探讨。统计数据质量评价可以从数据的准确性、适用性、及时性、可比性和可衔接性等五个主要维度着手。我国科技统计数据采集过程中存在统计信息及时性需要改善、指标体系需要修订、统计数据质量控制手段单一等问题（杨赟，2006）。

7.1   R&D 投入指标的统计特征

了解 R&D 投入增长变化规律，把握 R&D 投入指标的统计特性，一方面，可以应用于数据质量评价，以了解我国 R&D 投入及科技统计工作较为真实的现状，对科技监控和科技管理具有较强的现实意义；另一方面，可以为使用 R&D 投入指标数据进行统计建模，正确评价科技投入到产出之间以及科技投入在经济社会发展中所起的作用提供支撑。R&D 投入受社会经济发展程度、科技政策、科技意识和科技文化等因素影响，具有不确定性；反映科技投入的统计数据受统计调查范围、统计调查方法等因素影响，具有随机特征。第一，一个国家或地区的 R&D 投入与其社会经济发展状况相互影响，一方面，R&D 投入影响科技进步水平，而科技进步是经济增长的主要驱动因素之一；另一方面，国家或地区的经济发展状况，制约着 R&D 投入水平，特别是基础科学技术研究的投入。另外，R&D 投入还受科技政策效力、科技意识和科技文化等因素的影响。各因素的相互作用使得 R&D 投入的绝对指标和相对指标数据都具有不确定性。第二，根据经济合作与发展组织制定的科技统计手册《弗拉斯卡蒂手册》的规定，R&D 统计调查范围应当是一国中所有从事 R&D 活动的成建制的机构，如企业、研究机构、高等学校、社会团体和协会等具有法律地位的实体。实践中，各国根据本国的具体情况和特点，R&D 统计中所采用的调查范围和调查起点有所不同。由于事先并不知道哪些单位在从事 R&D 活动，并且从事 R&D 活动的单位也在变化，使得统计范围具有一定的不确定性，从而影响到 R&D 投入统计数据。第三，R&D 统计调查方法可分为抽样调查和全面调查的方法，抽样调查无论是简单随机抽样还是分层抽样等方法，要求总体中的个体都以已知的概率被抽中，调查所采撷的数据是随机数据；即便是全面调查，受调查范围和调查起点的影响，以及在数据采撷过程中，受到系列调查误差影响，最终公布的 R&D 统计指标数据也应该具有随机的统计特征。

正态意味着"正常性态"，指若在观察或实验中不出现重大失误，则结果应遵从正态分布。这个看法既有大量的经验事实支撑，也有中心极限定理作为理论支撑[①]。韩德瑞（1998）认为，时间序列的差分实质上是剔除时序当中某种固有的规律性，经过数次差分后的时序主要含有随机性的独立误差性质，自然趋向于正态分布。当一国的社会经济因素稳定时，并且统计调查制度规范稳定时，R&D 投入数据逐年稳定上升或下降，在一定的时间跨度里，应表现为"两头少，中间多"的正态分布趋势。若时序面的数据不服从正态分布，呈现左偏或右偏的形态，可能缘于科技政策的效力或统计调查制度或方法的调整而引起的结构性突变。相应数据经差分或取对数等平滑技术处理，消除这种突变后，也应服从正态分布。成邦文（2000）认为，我国各省市研究机构的 R&D 经费等指标数据在横截面上具有服从对数正态分布规律，并采用 K-S 检验法加以验证。章刚勇（2013）认为，R&D 时序数据的正态分布规律与 R&D 投入增长规律并不相互冲突。R&D 投入增长规律描述的是其在增长趋势上的特征，而正态分布规律度量的是 R&D 投入数据的随机特性，提出并论证了在社会经济稳定和统计调查制度稳定的前提下，一国的 R&D 投入指标的时序数据具有服从正态分布的特点。

7.2　正态性检验方法论

正态性检验方法的原假设一般为 H_0：数据服从正态分布；相应的备择假设为 H_1：数据不服从正态分布。在这种意义下，这类检验有时也称非正态性检验（non-normality test）。规范性检验方法主要有以下三点。

1. W 检验（Shapiro-Wilk 检验）

W 检验是夏皮罗和威尔克（Shapiro & Wilk）在 1965 年提出来的。W 检

---

① 引自：陈希孺为《正态性检验》（梁小筠，1997）所作的序。

验的基本思想是在数据服从正态分布的原假设下，通过数据的顺序统计量对经标准化后的顺序统计量的期望值线性回归，得出拟合优度。拟合优度越大，表示两变量的相关程度越高，数据越近似服从正态分布。W 统计量的值夹在 0 和 1 之间。

W 检验一般步骤为：（1）把 n 个样本观测值按由小到大的顺序排列： $x_{(1)} \leqslant x_{(2)} \leqslant \cdots \leqslant x_{(i)} \leqslant \cdots \leqslant x_{(n)}$ 。（2）构建 W 检验的统计量式（7.1），W 统计量可以看作，基于顺序统计量的某种线性组合的平方得出的方差的最优估计量，与数据的样本方差之间的比值。（3）根据给定的显著性水平 α 和样本容量 n，查统计量 W 的 p 分位数表，确定 α 分位数 W_α 的值。其分位数表通过计算机模拟产生。（4）计算统计量 W 的值，若 $W < W_\alpha$ ，则拒绝 H_0 ，认为数据不服从正态分布；反之，则不拒绝 H_0 。由于 W 统计量分布具有较大的偏度，接近于 1 的 W 值也可能导致拒绝正态性原假设。

$$W = \frac{\left\{ \sum_{i=1}^{[n/2]} a_i(W) \left[x_{n+1-i} - x_{(i)} \right] \right\}^2}{\sum_{i=1}^{n} \left[x_{(i)} - \bar{x} \right]^2} \qquad (7.1)$$

其中， $\bar{x}$ 表示样本均值，$[n/2]$ 表示 n/2 的整数部分，$a_i(W)$ 的值由统计量 W 系数表给出。上述的 W 检验是一种有效的正态性检验方法，但由于随着样本容量的扩大，分位数 W_α 的确定意味着庞大的随机模拟工作量，并且由于 W 的高于一阶的矩是未知的，有些分布拟合技术不能采用，一般适用于样本容量为 3～50 的样本。针对于此，达戈斯提诺（D'Agostino，1971）提出了 D 检验，与 W 检验类似，其基本思想也是在总体服从正态分布的原假设下，通过构造一个统计量评价样本的顺序统计量与其期望值之间的线性关系来判断样本数据是否取自一正态总体。它所适用的样本容量 n 的范围为：$50 \leqslant n \leqslant 1000$ ，这种检验不需要附系数表，其检验统计量的分布渐近正态，但收敛速度较慢，当样本容量不太大时用正态分布去近似，误差太大。

对于一般的 n，W 的分布的密度函数形式目前还未确定，样本容量为 3 时，W 的分布是确定的，可用于计算显著性水平，当样本容量大于 3 时，可通过计算机模拟的结果来计算显著性水平。随着计算机技术的发展，随机模拟工作也变得简单和轻松，罗伊斯顿（Royston，1992）通过随机模拟的结果构造了一个近似正态变换 Z_n，扩展了 W 检验。

$$Z_n = \begin{cases} (-\ln(\gamma - \ln(1 - W_n)) - \mu)/\sigma & 4 \leq n \leq 11 \\ (\ln(1 - W_n) - \mu)/\sigma & 12 \leq n \leq 2000 \end{cases} \quad (7.2)$$

其中，γ，μ，σ 是样本容量 n 的函数，通过随机模拟取得。Z_n 值越大，意味着数据偏离正态分布的程度越大。这样，W 检验适用范围扩展到样本容量为 4～2000 的样本的正态性检验，D 检验方法渐渐被统计软件的有关正态性检验的模块所摒弃[①]。

2. 经验分布函数检验法（empirical distribution tests）

若总体的分布函数 F(x) 未知，但有样本观测值（x_1，x_2，…，x_n），把它按由小到大的顺序排列成 $x_{(1)} \leq x_{(2)} \leq \cdots x_{(n)}$，得到经验分布函数：

$$F_n(x) = \begin{cases} 0 & x \leq x_{(1)} \\ i/n & x_{(i)} \leq x \leq x_{(n)} \quad i = 1, 2, \cdots, n-1 \\ 1 & x > x_{(n)} \end{cases} \quad (7.3)$$

根据格里汶科定理，当 n 很大时，$F_n(x)$ 是 F(x) 的良好近似。经验分布函数检验法原理是：先假设总体服从某一特定的分布，再根据样本数据得出其经验分布函数，通过计算经验分布函数与总体分布函数的偏差的某种形式来确定原假设是否成立。柯尔莫可洛夫（Kolmogrov）和斯米尔诺夫（Smirnov）为这类检验方法做了开创性的工作[②]。这类检验方法是通过度量经验分布函数与原假设成立时的总体分布函数之间的偏离来构建检验统计量，因此只适用于总体分布完全已知的情况，当总体理论分布包含未知参数时，

---

① 在主流统计软件中，有关正态性检验，SAS 使用的是 Shapiro-Wilk 检验、Kolmogrov-Smirnov 检验、Gramer-von Mises 检验和 Anderson-Darling 检验；SPSS 使用的是 Kolmogrov-Smirnov 检验。我国关于正态性检验标准推荐的几种方法受统计软件等限制，在实践中难以普及，书中，目前主流的检验方法所指的是上述四种方法。

② 有关这类检验方法的详尽探讨可参阅陈希孺（1981），这里只给出有关的几种检验方法的形式。

人们往往用样本的信息也对参数进行估计。检验方法不但可以检验样本数据是否服从正态分布，也能检验数据是否服从其他分布。对于正态分布，假设总体服从具有参数 μ 和 σ^2 的正态分布，其中 μ 和 σ^2 可以由样本均值和样本方差代替。

（1）K-S 检验（Kolmogrov-Smirnov 检验）。

柯尔莫可洛夫在 1933 年提出了统计量 D_n，并给出了统计量的极限分布，其具体形式如式（7.4）。斯米尔诺夫（1948）给出了用于估计经验分布拟合度表。

$$D_n = \max_{1 \leq i \leq n} \left\{ \left| F(x_i) - \frac{i-1}{n} \right|, \left| \frac{i}{n} - F_n(x_{(i)}) \right| \right\} \tag{7.4}$$

（2）克拉美（Gramer Von-Mises）检验。

克拉美（1928）定义了检验统计量 W^2，以此度量经验分布函数与总体分布函数的偏离程度。

$$W^2 = n \int_0^1 \left[F_n(x) - F(x) \right]^2 dF(x) \tag{7.5}$$

（3）Anderson-Darling 检验。

安德森－达令（Anderson-Darling，1954）提出了检验统计量 A^2，以此来度量经验分布函数与总体分布函数的偏离程度。

$$A^2 = n \int_0^1 \left[F_n(x) - F(x) \right]^2 \left\{ F(x) \left[1 - F(x) \right] \right\}^{-1} dF(x) \tag{7.6}$$

3. 偏度检验与峰度检验

当具有总体在偏度方向或峰度方向具有偏离正态的先验信息时，使用偏度检验或峰度检验是适宜的。该类检验的使用条件是已知总体在偏度或峰度的方向上具有偏离正态的特点，且偏离方向是明确的。如果在实际应用中，有关的先验信息是未知的，需要使用其他的检验方法（梁小筠，1997）。实践中，数据来自何种总体，往往是不可知的，故在正态性检验中难以使用偏度检验和峰度检验方法。

目前，主流的规范性正态检验方法主要是几种无方向正态性检验方法，主要包括 Shapiro-Wilk 检验、Kolmogrov-Smirnov 检验、Cramer-von Mises 检验和 Anderson-Darling 检验。其中，后三种是经验分布函数检验法，哪种方法更好，需要比较它们的检验功效。章刚勇（2010）在 Monte Carlo 随机模拟基础上计算这四种检验方法的功效，建议在实际应用中，较好的办法是同时使用四种检验方法对样本进行正态性检验，若有一种检验方法 p 值较小，并在选定的显著性水平下拒绝了原假设，可以认为所检验的数据不服从正态分布。

7.3　检验结果及分析

借鉴统计数据质量评估的一般方法，科技统计数据质量评价的主要方法有：其一，探讨科技指标之间的逻辑关系并利用其来识别科技指标数据是否失真，计算科技指标时，有些基础数据被多次使用，科技指标之间存在一定的关联规则；其二，考察科技发展内在规律性，对历史数据计量建模，通过比较模型拟合的预测值和实际值，找出异常值，并对异常值的误差进行检验；其三，采用统计诊断的方法对科技统计数据的统计分布特征及异常点进行分析，以此来评价科技统计数据质量。

我们首先对 R&D 投入指标的时序（1987~2013 年）数据进行正态性检验，主要指标包括 R&D 经费支出、R&D 人员和 R&D 投入强度（R&D/GDP）然后对 R&D 投入指标的横截面（31 个省、直辖市及自治区，2013 年）数据进行正态性检验。检验结果如表 7.1 和表 7.2 所示。

表 7.1　　　R&D 投入时序数据（1987~2013 年）正态检验结果

指标	W 检验	K-S 检验	C-M 检验	A-D 检验
R&D 经费	0.0001	0.0100	0.0050	0.0050
R&D/GDP	0.0049	0.0100	0.0061	0.0050
R&D 人员	0.2960	0.1500	0.2500	0.2500
R&D 经费对数值	0.3093	0.1500	0.2500	0.2500
R&D 经费增长率	0.0735	0.0100	0.0080	0.0177
R&D/GDP 增长率	0.8675	0.1500	0.2500	0.2500

表 7.2　　　　　　　R&D 投入时序数据（2006～2013 年）增长率　　　　单位：%

年份	R&D 经费增长率	R&D 人员增长率	R&D/GDP 增长率	R&D/GDP
2006	0.23	0.10	0.06	1.42
2007	0.24	0.16	0.01	1.44
2008	0.24	0.13	0.02	1.47
2009	0.26	0.17	0.14	1.68
2010	0.22	0.11	0.03	1.73
2011	0.23	0.13	0.03	1.79
2012	0.19	0.13	0.08	1.93
2013	0.15	0.09	0.04	2.01

1. R&D 投入时序数据

R&D 投入时序数据的正态性检验结果显示，R&D 经费支出、R&D 投入强度均显著地拒绝了服从正态分布的原假设；而 R&D 人员指标数据却不能拒绝其具有正态分布的统计形态。R&D 经费支出、R&D 投入强度指标的时序偏态表明我国 R&D 投入近年来超"正常性态"提升，一方面，部分缘于科技政策的效力促使 R&D 投入力度加大，尤其是 R&D 经费超正常支出，在第 5 章我们实证检验了科技政策效力显著地正向作用于科技投入。尽管如此，全国 R&D 从业人员的年增量数据仍呈现正态分布，R&D 经费支出的数据准确性被怀疑。另一方面，也可能部分缘于统计调查制度不稳定或调查方法的改变。章刚勇（2013）认为，在社会经济稳定和统计调查制度稳定的前提下，一国的 R&D 投入指标的时序数据具有服从正态分布的特点。2000 年我国第一次 R&D 资源清查工作破坏了 R&D 投入数据的正态分布特征，并对 1987～2008 年的 R&D 经费支出与 R&D 投入强度指标分为 1987～1999 年和 2000～2008 年两段区间分别实施正态性检验，发现两区间的指标数据具有正态分布特征。2009 年我国进行了全国第二次 R&D 资源清查工作，在该年度 R&D 投入强度 R&D/GDP 比值由 2008 年 1.46% 快速提升到 1.68%，而 2010 年该值又缓慢提升为 1.73%。R&D 经费增长超出了 GDP 的增长。进一步地计算 R&D 经费支出的对数值、R&D 经费支出年增长率（环比）和 R&D/GDP 年增长率（环比），其中增长率是通过先对上一年度的数值差分然后以上年度数值为基数计算的百分比，对某序列取差分，是剔除时序当中某种固有的规律性。R&D/GDP 年增长率数据不能拒绝数据服从正态分布的原假设，一次差分缓解了原序列中的逐年增长规律。然而，R&D 经费增长率数据仍拒绝了服从正态分布的原假设，一次差分不足以消除 R&D 经费支出的"非正态"增长。对 R&D 经费支出数据直接取对数，然后再实施正态性检验，序列开始呈现"正态"，原序列服从对数正态分布。一般对某序列服从对数正态分布，是因为序列中出现了较多的异常值，而这些异常值对应着 R&D 经费支出在某些年度"非正态"提升。

2006 年中国科学与创新会议的召开以及《国家中长期科学和技术发展规划纲要（2006～2020 年)》的颁布标志着我国国家创新体系建设进入新时期。R&D 投入进一步加大，R&D 人员和经费支出稳步增长，2009 年我国展开了第二次 R&D 资源清查工作，清查结果导致 2009 年度，相比于上一年度，R&D 人员增长率为 17%，R&D 经费支出增长率为 26%，科技投入强度 R&D/GDP 指标数值为 1.68%，该年度 R&D/GDP 的增长率达到了 14%，达到序列中的最大值[1]（见表 7.2），而相邻两年 2008 年和 2010 年 R&D/GDP 增长率仅分别为 2% 和 3%。并且注意到 R&D 经费支出增长率、R&D 人员增长率等数值均有下降，科技投入强度 R&D/GDP 指标却仍逐年上升。尽管可以解释为 R&D 经费支出增长速度远超 GDP 增长速度[2]，但 2008～2010 年，四个指标的数值差异较难被指标之间的逻辑解释。数据质量中的可比性、可衔接性和适用性等维度被 2009 年的 R&D 资源清查工作严重破坏；准确性维度也被质疑。

2. R&D 投入区域数据

对 2013 年我国 R&D 投入指标截面数据进行正态性检验，主要包括 31 个省、自治区及直辖市的 R&D 经费支出和 R&D 人员指标数据。正态性检验结

---

[1] 科技部解释为：R&D 经费支出/国内生产总值经国家统计局根据"三经普"结果修订。
[2] 2017 年，国务院批复原则同意《中国国民经济核算体系（2016)》（下称《核算体系》），由国家统计局印发实施。其中，R&D 计入 GDP，这一调整又将影响到该指标在时序上的可衔接性及可比性等。

果表明两个指标数据并不服从正态分布（见表 7.3）。观察两个指标数据的极值和分位数，发现 R&D 经费支出有四个省份超出 1100 亿元，分别是北京、江苏、山东和广东。其中最高的省份为江苏省，R&D 经费支出达到 1487.4 亿元；而有三个省份 R&D 经费支出在 30 亿元以下，分别是西藏、青海和海南，其中最低的省份为西藏，R&D 经费支出仅为 13.8 亿元。R&D 人员指标数据具有类似特征，极值分布与 R&D 经费支出指标数据类似。我国各区域经济社会发展不平衡造成了横截面数据的各异常值出现，使数据不具有服从正态分布的特征。进一步地对两列 R&D 投入数据取对数，再实施正态性检验，发现各指标的对数值不能拒绝正态分布原假设。该结论和成邦文（2000）的研究结论相符。其意义在于，其一，我国区域科技投入指标数据"非正态"统计特征被各区域经济社会发展不平衡等客观原因解释；其二，在使用各区域科技投入指标建模时，尤其作为被解释变量，最好对指标数据使用对数转换。

表 7.3　　　　　　　　R&D 投入指标截面数据（2013 年）正态检验结果

指标	W 检验	K-S 检验	C-M 检验	A-D 检验
R&D 经费	0.0001	0.0100	0.0050	0.0050
R&D 人员	0.0001	0.0100	0.0050	0.0050
R&D 经费的对数值	0.0665	0.1500	0.1662	0.1354
R&D 人员的对数值	0.1269	0.1500	0.1643	0.1762

7.4　小　　结

科技统计指标是科技政策分析的主要证据之一，本章以科技投入指标为例，对其证据质量进行了评价。我国科技统计研究大多侧重于研究科技创新测度指标体系构建、科技创新能力或科技活动绩效评价，而关于研究如何有效准确地收集基础数据，包括科技统计制度、调查方法的设计，数据质量评价等的定量研究相对较少。因此，本章不仅是科技政策分析方法论的一个应用，且丰富了科技统计相关研究。我们首先借鉴已有文献的研究结论，认为科技投入指标时序数据，在经济社会稳定和统计调查制度稳定的前提下，科技投入时序数据具有服从正态分布的统计特征；并且科技投入横截面数据具有服从对数正态分布特征。随即讨论了正态性检验方法论。在方法论的指导下，对相关指标数据进行了正态性检验，并根据指标数据的内在逻辑关联对科技投入指标数据的可比性、可衔接性、适用性和准确性进行了评价。主要结论和建议如下。

第一，我国科技投入时序数据一方面受科技政策效力影响，"非正态"地逐年异常增长；另一方面，受全国 R&D 资源清查工作影响，破坏了其本来具有的服从正态分布的统计特征。2006 ~ 2013 年，R&D 经费支出增长率、R&D 人员增长率、R&D/GDP 指标和 R&D/GDP 增长率数据的异常难以被指标间的逻辑关联性解释，尤其在 2009 年前后年度。2008 ~ 2010 年三年期间，数据质量维度的可比性、可衔接性、适用性被破坏；数据的准确性被质疑。然而，当指标数据被差分或取对数，消除科技投入的某种规律或异常点波动后，经验数据一般不拒绝服从正态分布。

第二，我国科技投入在区域层面的模型面数据受地区经济社会发展不平衡影响，客观上难以接受正态性分布的原假设，但取对数后的数据列不能拒绝正态性检验。给予研究者启示是在使用 R&D 投入指标进行统计建模时，在不怀疑科技投入指标数据质量的前提下，一般对原数据列取对数，尤其是作为被解释变量时。

第三，我国科技统计数据质量不高，一方面源于科技统计调查制度调整和方法更新，另一方面源于政策效力。《规划纲要》把 2020 年 R&D 经费/GDP 发展目标定为 2.5%，国家或地区层面的每五年一次的科技发展规划都较清晰地设定了 R&D 经费/GDP 发展目标。由利益相关者操控的分析、论证、宣传或炒作本身也构成了证据，社会现象中诸多如意识形态、经验、利益相关等因素都可能污染证据（张正严，2013）。另外，我国科技统计和管理工作具有"由基层单位收集填表，层层上报"的特点，如果在数据源头有关基础统计工作不能得以保障，提高科技统计指标数据质量工作将流于形式。

第8章
总结与展望

8.1 主要结论

  随着经济社会发展,科技发展也日益与人类生存环境、生活方式相联系,科技政策目标已涵盖了国防、经济增长、社会发展、环境和健康等主题。2006年《规划纲要》的颁布标志着我国国家创新体系建设进入新时期。2006年至今是我国科技政策制定颁布密集期,参与制定实施部门包括国务院、人大常委会、财政部、商务部、农业部、教育部、国税局、科技部等国家部门,以及地方政府机构等;政策内容涉及财政、金融、税收、教育和产业政策等;政策工具包含了科技投入、税收激励、金融支持、政府采购、人才队伍、教育科普等。本书思辨了新时期科技政策的概念,基于公共政策分析思想,提出了一个基于"证据"的科技政策分析框架,对我国科技政策分析中的证据进行了研究,包括重点探讨了证据分析中相应的数据与方法。

  已有研究成果、政策文本和科技统计数据的科技政策分析的原始资料证据,也是我们定量研究科技政策所依据的主要数据。其中,科技统计数据主要来自中国科技统计指标数据库;已有科技政策研究成果主要是2006~2015年以科技政策为研究主题的SCI、EI及CSSCI论文。对于科技政策文本,我们以2006~2020年由我国或地方政府围绕《规划纲要》制定和将制定的科技政策为研究对象，基于政策制定主体隶属关系与政策群理论，厘清了我国科技政策体系；随之，较为详尽地介绍了科技政策条文收集方法，根据维度设计了我国科技政策文本数据库的表结构。并且初步地搭建了政策文本数据库。

我们把应用适当方法探索我国科技政策作用机理所得出的结论作为经验证据。正式的政策分析强调定量研究方法在分析过程中所起到的核心作用，我们分别使用了 Meta 分析法分析了已有文献研究结论差异的来源；使用文本分析法分析了区域科技政策的差异性，并衍生出政策效力和政策协同度两个主要变量，进一步地使用了面板数据计量分析方法分析了该两变量对技术产出和技术绩效的影响；使用结构方程模型探索了现阶段科技政策作用机制。另外，为保证研究的完整性，我们又分别使用层次分析法分析了政策需求方企业对科技政策的主要诉求；使用正态性检验法评价了科技投入指标的数据质量。尽管我们所采用的研究方法较为丰富，但研究方法服务于研究目的，统计方法本身也无优劣之分，只有适合与否。我们较为谨慎地选择统计分析方法。

基于证据的科技政策分析为下一轮科技政策制定和实施提供了经验证据。受人力、物力约束，我们以我国中部六省为例，分析了区域科技政策差异，以及这种差异性对技术产出和技术绩效的影响，探索了科技政策作用机理。以江西省为例，分析了科技政策实施现状与企业需求。经验证据主要有以下四方面。

其一，尽管我国科技管理行政体系具有"条块结合，上行下效"的特点，尽管中部六省在地理位置、经济发展和社会文化等方面具有相似性，但科技政策在政策效力、政策协同度和政策工具应用等方面仍具有较大的差异。政策数量的累积促使政策力度逐年增强，各省政策力度的差异性主要是由政策数量的差异引起的，其次受各条政策的效力等级和政策工具数量差异的影响，其中安徽、湖南、湖北三省的政策数量更多、力度更大。而政策协同度差异受各省政策力度和政策颁布部门数量的影响。各省的总政策和基本政策具有一定的偏向性，政策内容更具有地方产业特色。

其二，科技政策效力对发明专利申请量、对新产品销售收入具有显著促进作用，这与文献中已有研究结论基本类似。然而，虽然区域政策协同度与技术产出有正向相关关系，但控制了科技投入等其他变量时，政策协同变量对科技产出无显著性影响或有负向影响，这与已有研究结论不同，也与定性分析所得出的假说相悖。我们认为，政策由多部门制定、联合实施，在各部门间合作方面若出现问题，以及多部门协作的审批流程和手续较烦琐等问题都可能导致该结果。

其三，我们对科技政策传导机制进行了探索性研究，得出的结论是科技政策通过影响科技投入间接作用于技术产出，而科技政策本身对技术产出直接影响较弱。表现出我国科技政策在制度设计上可能存在"重投入，轻产出"的缺陷，现阶段我国科技政策偏向于科技投入，包括人员和经费投入等，而对于科技投入到技术专利产出的效率，以及技术转化为生产力之间的效率效益等方面政策较为缺乏，或缺乏有效的规范或约束。如何激励或规范科技投入向技术产出转化等问题应成为下一阶段科技政策制定的重点或方向。

其四，政府是政策的供给方，而企业作为社会创新的主要单元，是科技政策的主要需求方，了解和分析科技政策实施现状，以及企业对科技政策的需求，是调节政策供给与需求之间的平衡，也是降低双方信息不对称程度的重要手段。我们发现，当前企业对科技政策需求的重点已不仅是政策本身，还有对政策的知晓与理解；政策作用面较窄，利用率较低；政府在政策宣传方面，以及各政府部门协同服务于企业的工作方式和工作效率等方面还有待加强。

基于证据的科技政策分析包括证据收集、证据组织应用和证据评估等三方面的工作。我们以科技投入指标为例，对科技政策分析的主要证据之一——科技统计指标的数据质量进行了评价。我国科技统计数据质量不高，一方面源于科技统计调查制度调整和方法更新，另一方面源于政策效力。数据质量维度的可比性、可衔接性、适用性被破坏；数据的准确性也被质疑。

8.2　主要建议

本书的主要建议可分为两部分：一是关于科技政策分析的方法论建议，

本书基于证据的科技政策分析给出一个较完整的研究框架，包括证据采集、证据组织应用，其中有关方法的选择与应用可以供后来研究者借鉴；二是关于提高我国科技政策质量的对策建议。我们结合经实证分析所得出的经验证据，给出了有关科技政策制定、政策实施、政策评估和政策执行等四方面建议，供科技管理部门参考。

1. 方法论建议

第一，关于证据采集。"大数据"理念已被政府、学界和业界广泛接受。数据来源多元化、数据类型多样性，以及结果应用的实时性是大数据的主要特征。大数据应用于科技政策分析领域，服务于政策评价和新一轮政策的制定，要求采集广泛且多样的证据评估过去政策得失，总结实施经验，但对实时性要求相对较弱。无论从实践意义层面的政策议题演变、政策落地经验和政策效果评估等，还是从技术层面的政策条文检索查询、深层次的文本挖掘技术等，都需要厘清政策体系，归集整理政策条文信息，构建关系型数据库，以充分及有效地利用文本信息。

第二，关于证据组织应用。采用适当方法组织证据应用于科技政策的定量研究，在本书中表现为类量化文本资料以形成科技政策作用的工具变量，应用计量经济分析等方法以验证科技政策作用力。Meta 分析结果表明对创新产出的度量，专利申请量和新产品收入是两个较为合适的指标，其对创新产出的度量不会产生偏误，R&D 经费支出、R&D 人员投入可作为控制变量；在研究的时间维度和空间维度方面可产生误差，并且建议使用面板数据建模方法以缓解偏误。在研究科技政策作用的内在机理方面，只能是探索性研究。由于，一方面，科技政策传导机制不明确且缺乏规范的理论支撑；另一方面，科技政策作为公共政策，是政府基于社会需求在不同阶段变化而审时度势制定颁布的，具有稳定性较弱而时效性较强的特点，不同阶段政策着力点不同。此时，结构方程建模是个较为恰当的方法。科技政策作用力、科技投入和技术产出可作为隐变量，分别由多重指标显变量反映，路径图可较清晰地反映其作用机制。

另外，证据质量也需要评估，由利益相关者操控的分析、论证、宣传或炒作本身也构成了证据，社会现象中诸多如意识形态、经验、利益相关等因素都可能污染证据（张正严，2013）。

2. 对策建议

第一，关于政策制定。现阶段我国科技政策显著作用于科技投入，包括人员和经费投入等；而科技政策弱作用于技术产出，科技政策通过作用于科技投入间接作用于技术产出。对于科技投入到技术专利产出的效率，以及技术转化为生产力之间的效率与效益等方面政策较为缺乏，或缺乏有效的规范或约束。如何激励或规范科技投入向技术产出转化等问题应成为下一阶段科技政策制定的重点或方向。另外，我国科技政策作用对象扩展到面向全社会，包括公共部门和私人部门，以及公民个体。然而部分政策门槛较高，激励或优惠措施无法普及。有必要在政策制定上区分和细化作用对象，尤其是对私人部门和中小企业等。

第二，关于政策实施。近年来，科技政策在政策内容和政策工具等方面，与其他经济社会政策呈融合趋势，一项政策在制定和实施过程中涉及多个部门。然而多部门协作也同时意味着"政出多门"，责任人难以落实，审批手续繁杂度增加。因此，关于政策实施落地等方面举措也应被关注，尤其是区域层面的科技政策。另外，科技管理部门在政策宣传等方面的举措也需加强。

第三，关于政策评估。对公共政策的评估无论对学界还是对管理部门，都是较困难的工作。政策发挥作用需要较长期限且受其他较多因素干扰，一项政策作用的深度和广度难以在某期间被准确和客观地评价，并且评价结果受评价者操纵和受评估方法影响，易得到不同的评价结果，较难得到一致认可。由于科技政策已涉及新技术、新产业、人才培养和创新环境等多方面的经济社会、文化教育等内容，需要组织多学科或跨专业专家与科技管理工作者一起设计科学的评估体系和评估方法，并且不仅仍需要重视事后评估，还需要重视事中检测、事先预评估等。

第四，政策执行。政策评估一般用于事后评价，对当事人或相关机构进行考核。相比而言，若能事先制定一系列执行标准，并能落实到相关经办人和责任人，设计适当的监测评价机制；在政策执行过程中，由第三方机构根据政策执行标准实施动态检测评价，在现阶段不失为一种较为务实的促使政策落地的手段。本书推荐神秘顾客调查法。

另外，本书所给出的科技政策定义及科技政策条文的界定等在一定程度上，且不可避免地存在争议。如文中所述，科技政策已日益形成一个结构庞大、内容庞杂的政策集合；政策内容涵盖了财政、金融、税收、教育等经济社会发展的方方面面；参与制定部门包括全国人大常委会、国务院、科技部、国家发改委、财政部、教育部等国家机关，以及地方政府相应部门；颁布形式包括法规、条例、措施、办法、意见、建议等。并且，由科技管理部门汇编或选编的有关科技法律法规与政策出版物信息量小，缺乏统一框架，难以支撑科技政策体系和满足信息化建设要求。因此，本书认为，科技管理部门有必要给出认识较为一致的科技政策概念和界定，构建科技政策文本数据库。一方面体现公共政策的价值相关性、合法性和权威性等特点；另一方面满足科技政策研究的需要。

8.3　局限与展望

本书的主要研究局限在于，分别以中部六省和江西省为例，探索区域科技政策差异性，实证分析科技政策效力和政策协同度对技术产出的影响，以及科技政策作用机理，并未给予我国科技政策一个较全面的研究。（1）我们厘清了我国科技政策体系，初步架构了政策文本数据库，收集了2006~2013年31个省、自治区和直辖市的科技政策条文。本书所采用的政策条文都采用人工识别的方法，但在客观上受人力、物力限制，未能进一步收集、梳理和甄别其他省份科技政策，尤其是对科技部门未参与的外围科技政策的识别。（2）相比而言，中部地区在经济社会发展方面，落后于东部沿海等发达地区，又好于西部较落后地区；然而在地理位置上又具有"承东启西"的优势，在文化教育等方面具有较好的实力，但科技创新能力较弱。问题可能在于政策制定和执行等方面。因此，我们认为是个较好的研究对象。（3）以中部六省为例，并不影响本书对政策分析方法论的讨论。以中部六省为例，探索科技政策分析方法论的一般应用；并且，得出的经验证据仍可供相关部门参考。尽管如此，我们在未来的研究工作中，一方面，将围绕《规划纲要》继续收集和整理 2013～2020 年国家层面和各区域科技政策条文；另一方面，将采用已经人工识别的、争议较小的政策条文作为规则，试探以机器学习方法识别其他样本。

本书的研究局限还表现在政策文本编码表内容不够丰富，政策工具编码方法主要是运用人工按照分类方法对政策进行分类辨识，具有一定的主观性；在政策变量构建方面，尽管有文献支撑，但仍具有争议性，并且对政策内容挖掘不够深入。今后还有许多深入细致的工作，比如引入自然语言处理等技术构建政策变量，一方面使量化结果减少争议性；另一方面从区域政策的创新度等多维度地进一步丰富政策变量。另外，我们拟把政策变量引入企业创新与企业价值之间的关联研究，以探索政策作用于企业的微观证据。

附录　部分数据和代码

Ⅰ. 第 5 章部分数据

年份	地区	技术市场成交合同额（万元）	工业企业新产品销售收入（万元）	国内发明专利申请受理量（项）	R&D人员全时当量（L，人、年）	R&D经费存量（K）	政策效力	政策部门协同
2006	安徽	182376.53	5056277.25	1274	29875	1714884	34	55
2007	安徽	248858.61	6475508.66	1602	36163	2125281	52	89.5
2008	安徽	286441.92	8147959.59	2729	49465	2655826	83	123.5
2009	安徽	311885.25	11111731.7	4465	59697	3482331	122	201.5
2010	安徽	377038.31	16317202.1	6396	64168.7	4350035	138	222.5
2011	安徽	487148.52	23840012.5	10982	81087	5405426	164	225.5
2012	安徽	643142.89	27856749.3	19391	103046.9	6799017	186	241.5
2013	安徽	974669.26	32624856.2	34857	119342	8495583	203	241.5
2014	安徽	1261731.1	39233353.1	49960	129318.7	10227518	213	268
2006	河南	229996.34	8119713.69	2404	59692	2152903	20	14
2007	河南	242156.44	10287537.6	2875	64879	2774445	32	44
2008	河南	219708.48	11715811.3	4954	71494	3416471	50	76.5
2009	河南	233007.79	14450137.7	4952	92571	4446324	65	108
2010	河南	228662.13	15373578.3	6408	101467.4	5581818	68	119
2011	河南	312646.52	20570006.9	8833	118041	6863746	96	149
2012	河南	322754.57	20816433.1	10910	128322.5	8279631	118	169
2013	河南	326240.59	38845473.9	15580	152252	9791470	128	190
2014	河南	331452.07	41999985.1	19646	161444	11390579	146	195

续表

年份	地区	技术市场成交合同额（万元）	工业企业新产品销售收入（万元）	国内发明专利申请受理量（项）	R&D人员全时当量（L，人、年）	R&D经费存量（K）	政策效力	政策部门协同
2006	湖北	435244.2	5307142.71	2827	62100	2761550	34	31
2007	湖北	478279.44	9998351.06	3705	67403	3378837	59	48
2008	湖北	538250.95	14182626.9	4616	72751	4153936	75	62
2009	湖北	653992.76	14012756.1	6065	91161	5377311	98	130.5
2010	湖北	717715.27	18434288.6	7411	97923.7	6769481	125	176
2011	湖北	920332.68	22695120.3	10327	113920	8280126	147	183
2012	湖北	1412223.1	26594658.6	14640	122748.3	9974587	159	193
2013	湖北	2839396.8	33237891.5	18189	133061	11826737	177	233
2014	湖北	4100356	37245452.7	22536	140740.9	13828007	197	280
2006	湖南	440578.14	5270694.69	3578	39752	2368886	25	34
2007	湖南	417703.51	7271873.23	3670	44942	2691286	62	72
2008	湖南	402335.33	9666784.01	5335	50253	3251206	71	93
2009	湖南	373701.08	15044984.8	4416	63843	4080310	90	125.5
2010	湖南	317463.09	18608222.4	6438	72636.6	5014675	120	163.5
2011	湖南	257726.59	27378518	8774	85783	6081420	138	175.5
2012	湖南	303987.03	34319108.7	9974	100031.6	7371826	181	223.5
2013	湖南	553134.63	41011527.6	11938	103413.6	8720887	211	237.5
2014	湖南	695920.89	44841511.4	14474	107431.9	10127975	230	252
2006	江西	88306.423	3670515.95	823	25797	2215488	23	55
2007	江西	88785.281	4378370.41	1012	27123	2336536	48	119.5
2008	江西	65231.887	4786375.11	1016	28241	2534635	58	127.5
2009	江西	84708.278	4080738.87	1502	33055	2828016	80	147.5
2010	江西	184151.87	6088693.73	1968	34822.9	3148819	107	149.5
2011	江西	248168.14	6837351.36	2796	37517	3451871	106	137.5
2012	江西	289693.12	9373497.5	3023	38152	3827630	127	163.5
2013	江西	311759.28	12185963.1	3931	43512	4302160	151	195.5
2014	江西	368029.02	12734608.4	4688	43469.2	4826513	160	195.5
2006	山西	57919.505	3953513.64	965	38767	2203111	8	0
2007	山西	75902.245	4773037.25	1212	36864	2335420	56	122.5

续表

年份	地区	技术市场成交合同额（万元）	工业企业新产品销售收入（万元）	国内发明专利申请受理量（项）	R&D人员全时当量（L，人、年）	R&D经费存量（K）	政策效力	政策部门协同
2008	山西	105348.55	5233947.95	2053	43986	2519749	62	128.5
2009	山西	139308.26	5227753.17	2422	47772	2837479	70	128.5
2010	山西	144782.38	4675121.57	3046	46279.1	3160495	80	128.5
2011	山西	162866.89	6237169.73	4602	47355	3582971	84	120.5
2012	山西	226489.37	6869617.3	5417	47028.5	4072268	97	124.5
2013	山西	408695.71	7956365.9	6025	49035	4641508	109	139
2014	山西	388865.3	7420111.22	6107	48954.5	5095413	121	139

注：数据由谢莉莎等收集、整理和计算。

Ⅱ．结构方程模型应用方法论部分代码（SAS 与 R 的交互使用）[①]

一、数据生成

1. 模拟生成具有给定的协方差矩阵的服从正态分布的数据序列

```
DATA A (TYPE = CORR)；
_TYPE_ = 'CORR'；
INPUT X1 X2 Y1 Y2 Y3 Y4；
CARDS；
1.000000 . . . . .
 .536875 1.000000 . . . .
-.379164 -.290805 1.000000 . . .
-.414038 -.317552 .669246 1.000000 . .
-.375884 -.288290 .569164 .482667 1.000000 .
-.388047 -.297619 .456315 .529719 .672364 1.000000
 ；
```

[①] 方法论和算法参阅：章刚勇（2015）。
软件环境：SAS 9.4 与 R3.0。

* obtain factor pattern matrix for later data generation;

PROC FACTOR data = a N = 6 OUTSTAT = FACOUT noprint;

DATA PATTERN; SET FACOUT;

　IF _TYPE_ = 'PATTERN';

　DROP _TYPE_ _NAME_;

RUN;

libname sem " D: \sem" ;

% macro sem_dat;

% do i = 1 % to 200;

PROC IML;　　　　　　　　　　　* use SAS PROC iml for data generation;

　USE PATTERN;　　　　　　　　* use the factor pattern matrix;

　READ ALL VAR _NUM_ INTO F;

　F = F`;

　* diagnoal matrix containing variances for 6 variables;

　VAR = {10　0　　　0　　　0　　　0　　　0,

　　　　0　4. 25　0　　　0　　　0　　　0,

　　　　0　0　　12. 27　0　　　0　　　0,

　　　　0　0　　0　　9. 2868　0　　　0,

　　　　0　0　　0　　0　　12. 9047　0,

　　　　0　0　　0　　0　　0　　9. 807807} ;

STD = SQRT(VAR) ;　　　　* matrix containing stds for the 6 variables;

X = RANNOR(J(200 ,6 ,0)) ; * generate 6 random normal variables;

XT = X`;　　　　　　　　　　* transpose the data matrix for multiplication;

　　　　　　　　　　* transform uncorrelated variables to correlated ones;

XTCORR = F * XT;

```
* transform the scale of the variables
    ( from std = 1  to  std = specified above) ;

XTSTD = STD * XTCORR ;

                    * transpose the data matrix back ;
XY = XTSTD` ;
RUN ;

                    * create SAS data set 'DAT' ;
CREATE sem. dat&i.  FROM XY[ COLNAME = { X1 X2 Y1 Y2 Y3 Y4 } ] ;
APPEND FROM XY ;
quit ;

% end ;
% mend sem_dat ;
% sem_dat ;
```

2. 模拟生成具有给定的协方差矩阵的服从非正态分布的数据序列

```
DATA A ( TYPE = CORR ) ;
_TYPE_ = 'CORR' ;
INPUT X1 X2 Y1 Y2 Y3 Y4 ;
CARDS ;
1. 000000 . . . . .
 . 536875 1. 000000 . . . .
 -. 379164  -. 290805 1. 000000 . . .
 -. 414038  -. 317552 . 669246 1. 000000 . .
```

$-.375884\ -.288290\ .569164\ .482667\ 1.000000\ .$

$-.388047\ -.297619\ .456315\ .529719\ .672364\ 1.000000$

;

* obtain factor pattern matrix for later data generation;

```
PROC FACTOR data = a N = 6 OUTSTAT = FACOUT noprint;
DATA PATTERN; SET FACOUT;
  IF _TYPE_ = 'PATTERN';
  DROP _TYPE_ _NAME_;
RUN;
libname sem2 "D:\sem2";
%macro sem_dat;
%do i = 1 %to 200;
PROC IML;                      * use SAS PROC iml for data generation;
  USE PATTERN;                 * use the factor pattern matrix;
  READ ALL VAR _NUM_ INTO F;
  F = F`;


X = RANNOR(J(200,6,0));   * generate 6 random normal variables;
XT = X`;                       * transpose the data matrix for multiplication;


                  * transform uncorrelated variables to correlated ones;
XTCORR = F * XT;
Z = XTCORR`;


  * Fleishman non-normality transformation;
```

$X1\ =\ -.124833577\ +\ .978350485 * Z[\,,1\,]\ +\ .124833577 * Z[\,,1\,]\#\#2\ +\ .001976943 * Z[\,,1\,]\#\#3;$ /** s = 0.75, k = 0.81 **/

$X2\ =\ .124833577\ +\ .978350485 * Z[\,,2\,]\ -\ .124833577 * Z[\,,2\,]\#\#2\ +$

```
.001976943 * Z[ ,2]##3 ;   / ** s = -0. 86,k =0. 78 ** /

    Y1 = -. 124833577 + . 978350485 * Z[ ,3] + . 124833577 * Z[ ,3]##2 +
.001976943 * Z[ ,3]##3 ;   / ** s =0. 75,k =0. 81 ** /

    Y2 = -. 096435287 + . 843688891 * Z[ ,4] + . 096435287 * Z[ ,4]##2 +
.046773413 * Z[ ,4]##3 ;   / ** s =0. 78,k =2. 56 ** /

    Y3 =  . 124833577 + . 978350485 * Z[ ,5] - . 124833577 * Z[ ,5]##2 +
.001976943 * Z[ ,5]##3 ;

    Y4 = -. 096435287 + . 843688891 * Z[ ,6] + . 096435287 * Z[ ,6]##2 +
.046773413 * Z[ ,6]##3 ;


    ZZ = X1 | | X2 | | Y1 | | Y2 | | Y3 | | Y4 ;


    * transform the scale of the variables
        ( from std = 1 to std = specified above ) ;


    * diagnoal matrix containing variances for 6 variables ;


    VAR = {10 0      0       0        0        0,
           0  4. 25  0       0        0        0,
           0  0      12. 27  0        0        0,
           0  0      0       9. 2868  0        0,
           0  0      0       0        12. 9047 0,
           0  0      0       0        0        9. 807807} ;


    STD = SQRT( VAR) ;       * matrix containing stds for the 6 variables ;


    XTSTD = ZZ * STD ;

        * transpose the data matrix back ;
```

XY = XTSTD;

```
   *  create SAS data set 'DAT';
CREATE sem2. dat&i.  FROM XY[COLNAME = {X1 X2 Y1 Y2 Y3 Y4}];
APPEND FROM XY;
quit;


% end;
% mend sem_dat;
% sem_dat;
```

二、基于协方程矩阵的结构方程模型估计及检验

```
libname mydata "E:/mydata";
libname sem "D:/sem";


/ ** quasi_specification model ** /
% macro CB_SEM;
% do i = 1 % to 200;



ods output "Fit Statistics"  = fit&i. ;
/ ** misspecification 2 ** /


PROC CALIS DATA = sem. dat&i.  METHOD = ML COV   ;
   LINEQS
      X1  = LX1 FK  + EX1,
      X2  = LX2 FK  + EX2,
      Y1  = LY1FE1  +    EY1,
```

```
        Y2  =  LY2 FE1  +     EY2,
        Y3  =  LY3FE2  +     EY3,
        Y4  =  LY4 FE2  +     EY4,
        FE2 =  GA1 FK  +     DE2,
        FE1 =  GA2 FK  +    BE1 FE2 + DE1;
STD
    FK EX1 EX2 EY1 EY2 EY3 EY4 DE1 DE2  =
    VFK VEX1 VEX2 VEY1 VEY2 VEY3 VEY4 VDE1 VDE2;

RUN;

proc append base = mydata. fit2    force;
run;
% end;
% mend CB_SEM;
% CB_SEM;

data mydata. fit2;
set mydata. fit2;
if Label1 = "Chi – Square" or
Label1 = "Chi – Square DF" or
Label1 = "RMSEA Estimate" or
Label1 = "Goodness of Fit Index (GFI)";
keep Label1 nvalue1;
run;

proc sort data = mydata. fit2;
by Label1;
run;
```

```
proc transpose data = mydata. fit2 out = mydata. fit2 ( drop = _name_ ) ;
var nvalue1 ;
by label1 ;
run ;


proc transpose data = mydata. fit2 out = mydata. fit2
( drop = _name_ rename = ( col1 = chi col2 = df col3 = gfi col4 = rmsea ) ) ;
run ;
```

三、基于偏最小二乘法的结构方程模型估计及检验

1. 基本设置与试算
```
/ ** 两个库 ** /
library ( "sas7bdat" )
library ( "semPLS" )


/ ** 导入 SAS 数据集 ** /
dat = read. sas7bdat ( "E : /mydata/dat. sas7bdat" )


##/ ** 构造外层模型 − −列合并 ** /
mv = names ( dat )
lv = paste ( "z" , c ( rep ( 1 : 3 , each = 2 ) ) , sep = " " )
struc_outer = cbind ( source = lv , target = mv )


/ ** 构造外层模型 − −行合并 ** /
struc_outer0 = struc_outer [ struc_outer [ , 1 ] = = "z1" , 2 : 1 ]
struc_outer1 = struc_outer [ 3 : 6 , ]
struc_out = rbind ( struc_outer0 , struc_outer1 )
```

```
##/ ** 构造内层模型 **/
lv1 = paste("z", c(rep(1:2),1), sep = "")
lv2 = paste("z", c(2,3,3), sep = "")
struc_inner = cbind(source = lv1, target = lv2)


/ ** 构造内层模型 2 **/
lv1 = paste("z", c(1,1,3), sep = "")
lv2 = paste("z", c(2,3,2), sep = "")
struc_inner = cbind(source = lv1, target = lv2)


##/ ** PLS 估计 SEM **/
EMt = plsm(data = dat, strucmod = struc_inner, measuremod = struc_outer)
emt = sempls(model = EMt, data = dat, wsscheme = "centroid")


/ ** 几个重要 Model criteria 和函数 **/
rSquared(emt)
qSquared(emt)
dgrho(emt)
commuality()
redundancy()
gof()


pathCoeff(emt)
totalEffects(emt)
plsLoadings(emt)


/ ** bootstrap 检验系数 **/
set.seed(123)

emtBoot = bootsempls(emt, nboot = 500, start = "ones", verbose = F)
```

```
tSummary = summary(emtBoot, type = "bca", level = 0.9)
```

2. 收集 PLS – SEM 估计系数

```
setwd("D://sem")
c = dir()
library("sas7bdat")
library("semPLS")
for (i in 1:200)
{
dat = read.sas7bdat(c[i])
mv = names(dat)
lv = paste("z", c(rep(1:3, each = 2)), sep = "")
struc_outer = cbind(source = lv, target = mv)
#specification2
struc_outer0 = struc_outer[struc_outer[,1] = = "z1", 2:1]
struc_outer1 = struc_outer[3:6,]
struc_out = rbind(struc_outer0, struc_outer1)


lv1 = paste("z", c(rep(1:2), 1), sep = "")
lv2 = paste("z", c(2,3,3), sep = "")
struc_inner = cbind(source = lv1, target = lv2)


#specification3
lv11 = paste("z", c(1,1,3), sep = "")
lv22 = paste("z", c(2,3,2), sep = "")
struc_inner1 = cbind(source = lv11, target = lv22)


#specification1
```

```
EMt1 = plsm(data = dat, strucmod = struc_inner, measuremod = struc_outer)
emt1 = sempls(model = EMt1, data = dat, wsscheme = "centroid")
set. seed(123)
emtBoot1 = bootsempls(emt1, nboot = 500, start = "ones", verbose = F)
tS1 = summary(emtBoot1, type = "bca", level = 0.95)
write. table(tS1 $table, file = "D://coff_pls0. txt", col. names = F, append = T)


#specificaiton2
EMt2 = plsm(data = dat, strucmod = struc_inner, measuremod = struc_out)
emt2 = sempls(model = EMt2, data = dat, wsscheme = "centroid")
set. seed(123)
emtBoot2 = bootsempls(emt2, nboot = 500, start = "ones", verbose = F)
tS2 = summary(emtBoot2, type = "bca", level = 0.95)
write. table(tS2 $table, file = "D://coff_pls1. txt", col. names = F, append = T)


#specification3
EMt3 = plsm(data = dat, strucmod = struc_inner1, measuremod = struc_outer)
emt3 = sempls(model = EMt3, data = dat, wsscheme = "centroid")
set. seed(123)
emtBoot3 = bootsempls(emt3, nboot = 500, start = "ones", verbose = F)
tS3 = summary(emtBoot3, type = "bca", level = 0.95)
write. table(tS3 $table, file = "D://coff_pls2. txt", col. names = F, append = T)
}
```

3. 收集 PLS – SEM 拟合指标

```
setwd("D://sem")
c = dir()
library("sas7bdat")
library("semPLS")
```

```
for (i in 1 : 200)
{
dat = read. sas7bdat(c[i])
mv = names(dat)
lv = paste("z", c(rep(1 : 3, each = 2)), sep = "")
struc_outer = cbind(source = lv, target = mv)
lv1 = paste("z", c(rep(1 : 2),1), sep = "")
lv2 = paste("z", c(2,3,3), sep = "")
struc_inner = cbind(source = lv1, target = lv2)
EMt = plsm(data = dat, strucmod = struc_inner, measuremod = struc_outer)
emt = sempls(model = EMt, data = dat, wsscheme = "centroid")
gof = gof(emt)
gof = t(gof)
write. table(gof,file = "D://pls0. txt",row. names = F,col. names = F,append = T)
}
```

III. 正态性检验方法论 SAS 代码[①]

一、数据生成

```
DATA DAT;                    *** generate   random variables ;
  DO I = 1 TO 10;
          x1 = rand('chisq',1);
      x2 = rand('chisq',2);
      x3 = rand('chisq',4);
      x4 = rand('chisq',10);
      ************** ;
```

---

① 方法论及算法参阅：章刚勇，阮陆宁（2011）。

```
x5 = rand('poisson',1);
x6 = rand('poisson',4);
x7 = rand('poisson',10);
 *****************;
x8 = rand('t',1);
x9 = rand('t',2);
x10 = rand('t',4);
x11 = rand('t',20);
 ****************;
x12 = exp(rand('normal'));
 ***********************;
x13 = (ranuni(0))**(.1)-(1-(ranuni(0)))**(.1);
x14 = (ranuni(0))**(.2)-(1-(ranuni(0)))**(.2);
x15 = (ranuni(0))**(.7)-(1-(ranuni(0)))**(.7);
x16 = (ranuni(0))**(1.5)-(1-(ranuni(0)))**(1.5);
x17 = (ranuni(0))**(3)-(1-(ranuni(0)))**(3);
x18 = (ranuni(0))**(10)-(1-(ranuni(0)))**(10);
x19 = (ranuni(0))**(20)-(1-(ranuni(0)))**(20);
 *****************************;
x20 = rand('weib',.5,1);
x21 = rand('weib',2,1);

  OUTPUT;
 END;
RUN;
```

二、正态性检验及检验势的模拟计算

```
PROC PRINTTO LOG = NO;
```

```
LIBNAME TEST 'C:\Users\Zhang GY\Desktop\TEST';
% LET NO_SMPL = 2000; *** macro variable for # of random samples;
                      *** under each sample size condition;
% MACRO NORM_RDM;
% DO A = 1 % TO 7;    *** specify 7 sample size conditions;
   % IF &A = 1 % THEN % DO; % LET SMPLSIZE = 10;    % END;
   % IF &A = 2 % THEN % DO; % LET SMPLSIZE = 20;    % END;
   % IF &A = 3 % THEN % DO; % LET SMPLSIZE = 30;    % END;
   % IF &A = 4 % THEN % DO; % LET SMPLSIZE = 50;    % END;
   % IF &A = 5 % THEN % DO; % LET SMPLSIZE = 100;   % END;
   % IF &A = 6 % THEN % DO; % LET SMPLSIZE = 1000;  % END;
   % IF &A = 7 % THEN % DO; % LET SMPLSIZE = 2500;  % END;


% DO B = 1 % TO &NO_SMPL;    *** # of samples for each sample size conditions;


DATA DAT;                 *** ;
   DO I = 1 TO &SMPLSIZE;
      A1 = RANGAM(0,1); A2 = RANGAM(0,1);
      Y1 = A1/(A1 + A2);
      B1 = RANGAM(0,1.1);B2 = RANGAM(0,1.2);
      Y2 = B1/(B1 + B2);
      C1 = RANGAM(0,1.3);C2 = RANGAM(0,1.3);
      Y3 = C1/(C1 + C2);
      D1 = RANGAM(0,1.5);D2 = RANGAM(0,1.5);
      Y4 = D1/(D1 + D2);
      E1 = RANGAM(0,2);E2 = RANGAM(0,2);
      Y5 = E1/(E1 + E2);
      F1 = RANGAM(0,2);F2 = RANGAM(0,1);
      Y6 = F1/(F1 + F2);
```

```
    G1 = RANGAM(0,3);G2 = RANGAM(0,2);
    Y7 = G1/(G1 + G2);
    KEEP Y1 Y2 Y3 Y4 Y5 Y6 Y7;
    OUTPUT;
  END;RUN;
 ODS LISTING CLOSE;
ODS OUTPUT 'Tests For Normality' = NOR1;
PROC UNIVARIATE DATA = DAT NORMAL;
VAR Y1;
RUN;
ODS LISTING;
ODS LISTING CLOSE;
ODS OUTPUT 'Tests For Normality' = NOR2;
PROC UNIVARIATE DATA = DAT NORMAL;
VAR Y2;
RUN;
ODS LISTING;
ODS LISTING CLOSE;
ODS OUTPUT 'Tests For Normality' = NOR3;
PROC UNIVARIATE DATA = DAT NORMAL;
VAR Y3;
RUN;
ODS LISTING;
ODS LISTING CLOSE;
ODS OUTPUT 'Tests For Normality' = NOR4;
PROC UNIVARIATE DATA = DAT NORMAL;
VAR Y4;
RUN;
ODS LISTING;
```

```
ODS LISTING CLOSE;
ODS OUTPUT 'Tests For Normality' = NOR5;
PROC UNIVARIATE DATA = DAT NORMAL;
VAR Y5;
RUN;
ODS LISTING;
ODS LISTING CLOSE;
ODS OUTPUT 'Tests For Normality' = NOR6;
PROC UNIVARIATE DATA = DAT NORMAL;
VAR Y6;
RUN;
ODS LISTING;
ODS LISTING CLOSE;
ODS OUTPUT 'Tests For Normality' = NOR7;
PROC UNIVARIATE DATA = DAT NORMAL;
VAR Y7;
RUN;
ODS LISTING;
DATA BETA;
SET NOR1 NOR2 NOR3 NOR4 NOR5 NOR6 NOR7;
SAMLSIZE = &SMPLSIZE;
PROC APPEND BASE = TEST. TEST; RUN;
% END;
% END;
% MEND NORM_RDM;
% NORM_RDM;
RUN; QUIT;
```

****

```
data a;

set test. test;

if pvalue < =.01 then pvalue =1;

else if pvalue < =.05 then pvalue =2;

else if   pvalue < =.1 then pvalue =3;

else if pvalue >.1 then pvalue =4;

run;

proc sort;by varname test pvalue;run;

proc freq;

by varname test;

table varname * test * pvalue;

run;
```

Ⅳ. 政策文本数据获取 Python 代码(以江西省科技厅为例)

```
# -*- encoding:utf -8 -*-
from selenium import webdriver
from selenium. webdriver. chrome. options import Options
import re
from bs4 import BeautifulSoup
import time
start_time = time. perf_counter()
import pandas as pd
import requests
import os
import threading
from threading import Thread
import queue
import csv
from lxml import etree
```

```
from lxml import html as lxml_html

import configparser

import urllib3

urllib3. disable_warnings( urllib3. exceptions. InsecureRequestWarning)


headers = {
    "User - Agent": " Mozilla/5. 0 ( Windows; U; Windows NT 6. 0; en -
US) AppleWebKit/534. 14 ( KHTML, like Gecko) Chrome/9. 0. 601. 0 Safari/534.
14 "}


'''
以下是需要定义的地方
'''
chromedriver_path = r'D:\chromedriver. exe'

index_url = r'http://kjt. jiangxi. gov. cn/col/col27030/index. html'

time_sleep = 0. 5

implicitly_wait = 20

SavePath = r'J:/Project. B/江西/江西省科技厅/' #末尾要加上/

District = '江西'  # 省份

SaveName = '江西省赣科发'  # 输出的文件名, 不需要加后缀(. csv)


index_BiaoQian_name = 'div'

index_BiaoQian_by = {'id': '345562'}

index_title_re = ' < li > < a href = ". * ?" target = " _blank" title = " (.
* ?)" >. * ? </a > < span >. * ? </span > </li >'

index_url_re = r' < li > < a href = " (. * ?)" target = " _blank" title = ". * ?"
>. * ? </a > < span >. * ? </span > </li >'

index_date_re = r' < li > < a href = ". * ?" target = " _blank" title = ". * ?" >.
```

```
        * ? </a > <span >([0 - 9]{4} - [0 - 9]{2} - [0 - 9]{2}) </span > </li >'
    index_RefNo_re = r' <p >(. * ?) </p >'

    FJ_BiaoQian_name = 'div'
    FJ_BiaoQian_by = {'class': 'new_m'}


    '''


    以上是需要定义的地方
    '''



    chrome_options = Options()
    chrome_options. add_argument(
        'user - agent = " Mozilla/5. 0 (Windows; U; Windows NT 6. 0; en - US)
AppleWebKit/534. 14 (KHTML, like Gecko) Chrome/9. 0. 601. 0 Safari/534. 14 "')
    Driver = webdriver. Chrome(executable_path = chromedriver_path, options =
chrome_options)
    Driver. implicitly_wait(implicitly_wait)


    def mkdir(path):
        #引入模块
        #去除首位空格
        path = path. strip()
        #去除尾部 \ 符号
        path = path. rstrip(" \\")
        #判断路径是否存在
        #存在      True
        #不存在    False
```

```
        isExists = os. path. exists( path)
        #判断结果
        if not isExists:
            #如果不存在则创建目录
            #创建目录操作函数
            os. makedirs( path)
            print( path + '创建成功')
            return True
        else:
            #如果目录存在则不创建,并提示目录已存在
            print( path + '目录已存在')
            return False


    def Get_soup( ):
        html = Driver. page_source
        soup = BeautifulSoup( html, 'html. parser')
        return soup


    def Get_MaxPages( ):
        soup = Get_soup( )
        pagination = soup. findAll('div', {'class': 'pagination'})
        num = re. findall( r' < a. * ? data - page. * ? > ( . * ?) </a >', str
(pagination), re. S)
        return int( num[ -1])


    def Get_titles( tbody):
        titles = re. findall( index_title_re, str( tbody), re. S)
        new_titles = [ ]
        for k in titles:
```

```
                k = re. sub(r'\. \. \. $', '', k)
                k = re. sub(r'(. * ?)', '', k)
                k = re. sub(r'(. * ?)', '', k)
                k = re. sub(r' < br/ >', '', k)
                k = re. sub(r'''', '', k)
                k = re. sub(r'\n. * ? ', '', k)
                k = re. sub(r'^《', '', k)
                k = re. sub(r'》 $', '', k)
                new_titles. append( k)
        return new_titles



    def Get_URLs( tbody) :
        urls  = re. findall( index_url_re, str( tbody) , re. S)
        return urls



    def Get_dates( tbody) :
        td  = re. findall( index_date_re, str( tbody) , re. S)
        return td



    def Get_index( ) :
        Driver. get( index_url)

        All_titles  = [ ]
        All_urls  = [ ]
        All_published_date  = [ ]
```

```
    pages = 1    #通过是否到达最大页码来判断是否到达尾页，需要与下
面一行代码配合使用


    NEXT = True


    while NEXT：


        time. sleep(5)
        soup = Get_soup()


        if pages = = 5：
            NEXT = False
        pages + = 1    #通过是否到达最大页码来判断是否到达尾页


        tbody = soup. findAll(index_BiaoQian_name, index_BiaoQian_by)


        print(tbody)


        titles = Get_titles(tbody)
        urls = Get_URLs(tbody)
        dates = Get_dates(tbody)


        if (len(titles) = = len(urls)) & (len(urls) = = len(dates))：
            pass
        else：
            print('len of titles', len(titles))
            print('len of urls', len(urls))
            print('len of dates', len(dates))
```

```
                print(tbody)



        All_titles += titles
        All_urls += urls
        All_published_date += dates


    if NEXT:
            Driver.get(f'http://kjt.jiangxi.gov.cn/col/col27030/index.
html? uid=345562&pageNum={pages}')


    print('len of title:', len(All_titles))
    print('len of published:', len(All_published_date))
    print('len of url:', len(All_urls))


    return All_titles, All_published_date, All_urls


def CleanName_A(name):
    name = re.sub(r'/', "", name)
    name = re.sub(r'\\', "", name)
    name = re.sub(r':', ':', name)
    name = re.sub(r'&lt;br&gt;', "", name)
    name = re.sub(r'&gt;', "", name)
    name = re.sub(r'"', '"', name)
    name = re.sub(r'\|', ' ', name)
    name = re.sub(r'\? ', ' ', name)
    name = re.sub(r' <', '《', name)
    name = re.sub(r' >', '》', name)
    return name
```

```python
def Download(url, path):
    try:
        r = requests.get(url, headers=headers)
        r.raise_for_status()
        with open(path, 'wb') as f:
            f.write(r.content)
        print('下载成功:', path)

    except Exception as e:
        print('下载失败:' + str(e))



def Download_FJ(FJnames_all, FJurls_all, FJtitles_all, FJdates_all):
    mkdir(SavePath + 'FJ/')
    df_FJ = pd.DataFrame(FJtitles_all)
    df_FJ.columns = ['title']
    df_FJ['date'] = FJdates_all
    df_FJ['name'] = FJnames_all
    df_FJ['url'] = FJurls_all
    df_FJ.to_csv(SavePath + SaveName + '_FJ.csv', encoding='utf-8-sig', index=False)
    print('\n 一共%s 个附件' % len(FJnames_all))
    print('开始下载附件')
    for j in range(len(FJnames_all)):
        if FJnames_all[j] == FJtitles_all[j]:
            FJ_name = FJdates_all[j] + FJnames_all[j]
        else:
            FJ_name = FJdates_all[j] + FJtitles_all[j] + FJnames_all[j]
        FJ_name = CleanName_A(FJ_name)
```

```
        path = SavePath + 'FJ/' + FJ_name
        Download(FJurls_all[j], path)
    print('附件下载完成')


q   = queue.PriorityQueue()
q2  = queue.PriorityQueue()
q3  = queue.PriorityQueue()
q4  = queue.PriorityQueue()
q5  = queue.PriorityQueue()
q6  = queue.PriorityQueue()
q7  = queue.PriorityQueue()
q8  = queue.PriorityQueue()
q9  = queue.PriorityQueue()
q10 = queue.PriorityQueue()


def get_total_qsize():
    return sum([item.qsize() for item in (q,q2,q3,q4,q5,q6,q7,q8,q9,
q10)])


def get_total_unfinished_tasks():
    return sum([item.unfinished_tasks for item in (q,q2,q3,q4,q5,q6,q7,
q8,q9,q10)])


def print_info():
    total_qsize = get_total_qsize()
    total_unfinished_tasks = get_total_unfinished_tasks()
    elapsed = (time.clock() - start_time)
    print("Time used:", elapsed)
```

```
        text = '''
        ==================爬虫中的队列信息: = = = = = = = =
==========================================
===============
    所有队列的长度:%d,
    未完成的任务长度:%d,
    =======================================
==========================================
===================
        '''%(total_qsize,total_unfinished_tasks)
        if total_unfinished_tasks = =0:
            text + = '''\n> > >全部队列的任务已经完成,现在可以退出软
件...\n\n'''
        print(text)


class Job(object):
    def __init__(self,priority,data):
        self.priority = priority
        self.data = data
    def __lt__(self,other):
        return self.priority < other.priority
    def increase_priority(self):
        self.priority + = 1
    def __str__(self):
        return '(priority =' + str(self.priority) +',\" + str(self.data) + '\')'


headers_default = {"User - Agent": "Mozilla/5.0 (Windows NT 10.0;
Win64;x64) AppleWebKit/537.36 (KHTML, like Gecko) Chrome/69.0.3497.
100 Safari/537.36","Accept - Encoding": "deflate"}
```

```
csv_title = [ ( u" Title_0" ,u" Title_1" ,u" Title_2" ,u" Title_3" ,u" Title_4" ,u"
Title_5" ,u" Title_6" ,u" Title_7" ,u" Title_8" ,u" Title_9" ) ]
    filename = SavePath + SaveName + '. csv'
    lock = threading. Lock( )
    def write_data_into_csv( data ,filename = filename ,title = csv_title) :
        lock. acquire( )
        has_file_existed = False
        if   os. path. exists( filename) :
            has_file_existed = True
        csvfile = open( filename, 'a +', encoding = 'utf − 8 − sig', newline = " )
        writer = csv. writer( csvfile)
        if not has_file_existed :
            writer. writerows( title)
        writer. writerows( data)
        csvfile. close( )
        lock. release( )


    FJ_names_ALL = [ ]
    FJ_urls_ALL = [ ]
    FJ_titles_ALL = [ ]
    FJ_date_ALL = [ ]


    def SaveFJ( FJ_names, FJ_urls, FJ_titles, FJ_date) :
        lock. acquire( )
        global FJ_names_ALL
        global FJ_urls_ALL
        global FJ_titles_ALL
        global FJ_date_ALL
```

```
        FJ_names_ALL += FJ_names

        FJ_urls_ALL += FJ_urls

        FJ_titles_ALL += FJ_titles

        FJ_date_ALL += FJ_date


        lock.release()



def get_settings():
    if os.path.exists('settings.ini'):
        config = configparser.ConfigParser()
        config.read('settings.ini', encoding = 'utf-8')
        return config['DEFAULT']
    else:
        return {}


def filename_fix(filename):
    return filename.replace('\\', ''.replace('/', ''.replace(':', ''.replace('''
', ''.replace('<', '(').replace('>', ')')).replace('|', ''.replace('*', ''.replace
('? ', ''


def clear_text(text):
    '''
```

清除字符串中的某些字符

```
    '''
    return text.replace('\r', '').replace('\n', '').replace('\t', '').strip()


def make_links_absolute(text, url, encoding = 'utf-8'):
    '''
```

以 url 为依据，将 text 中的所有相对路径的 url 修改成绝对路径.

```
    '''
    parser = lxml_html. HTMLParser( encoding = encoding)
    doc = lxml_html. fromstring( text, parser = parser)
    doc. make_links_absolute( url)
    return etree. tostring( doc, encoding = 'utf - 8', method = 'html', pretty_print
= False). decode( encoding)


def remove_response_elements( root, xpathText):
    '''
```

从 xpath 元素中移除指定的元素，可以用于在 string(.)取值时，将不需要的元素移除，再取值。

```
    '''
    try:
        items = root. xpath( xpathText)
        for item in items:
            item. getparent( ). remove( item)
    except Exception as e:
        print( '发生异常,移除元素失败:', str( e))


class Spider( Thread):
    def __init__( self, tasks_queue, queue_name):
        threading. Thread. __init__( self)
        self. tasks_queue = tasks_queue
        self. queue_name = queue_name
        print( '爬虫线程: %s 启动,准备获取队列中的任务...'%( self.
name))
```

```python
    def __del__(self):
        print('爬虫线程: %s 结束...'%(self.name))


    def run(self):
        quit_num = 0
        while True:


            if self.tasks_queue.qsize() > 0:
                job = self.tasks_queue.get()
                if job.priority > 10:
                    self.tasks_queue.task_done()
                    continue
                msg = job.data
                print("%s,%s:::::::剩余的任务数量为:%d,爬虫线
程%s从队列中获取了一个任务:%s" % (self.__class__.__name__,self.queue
_name,self.tasks_queue.qsize(),self.name,str(job)))
                ##################请替换以下try...except...之间的
语句###########################################################
######################


                try:
                    TITLE = ''
                    REF_NO = ''
                    PUBLISHEDDAY = ''
                    STARTDAY = ''
                    ENDDAY = ''
                    DEPARTMENT = ''
                    DISTRICT = District
                    DOCUMENT_STYLE = ''
```

```python
TOPIC = ''
URL = ''
CONTENT = ''

def Get_FJ(soup, title, date):
    FJ_names = []
    FJ_urls = []
    FJ_titles = []
    FJ_date = []

    Furl = []
    Fname = []
    Fsuffix = []
    content = soup.findAll(FJ_BiaoQian_name, FJ_BiaoQian_by)

    suffix = re.findall(r'<a.*? href="(.*?\.[a-z]{2,4})".*?>.*?</a>', str(content), re.I)

    if suffix:

        print('发现附件')

        for i in suffix:
            suffix_xls = re.findall(r'.*?(\.[a-z]{2,4}$)', i, re.I)
            if suffix_xls:
                Fsuffix.append(suffix_xls[0])
                continue
```

```
        print('it has no suffix,', i)
        Fsuffix. append('. pzy')



        FJurl  = re. findall( r' < a. * ?  href = " ( .
* ? \. [ a - z] {2,4} )". * ?  >. * ?  </a >', str( content), re. S)
        URLL  = [ ]
        for url in FJurl:
        urll  = 'http://kjt. jiangxi. gov. cn'  + url
            URLL. append( urll)
        FJurl  = URLL
        # print( URLL)
        FJname  = re. findall( r' < a. * ?  href = " .
* ? \. [ a - z] {2,4} ". * title = " ( . * ?  \. [ a - z] {2,4} )" >', str( content),
re. I)

        print( FJname)
        if len( FJname):
            Furl  + = FJurl
            Fname  + = FJname


        for FJ_i in range( len( Fname)):
            name  = Fname[ FJ_i]
            name  = name. replace('\\',". replace
('/',". replace(':',". replace('"',". replace(' <','(') \
                    . replace(' >',')'). replace('|
',". replace(' *',". replace('? '," #对 name 进行清洗


        try:
```

```python
                    nametest = re. findall( r'. * ? ( %
s)' % Fsuffix[FJ_i], name, re.S)

                    if nametest = = [ ] :
                        name + = Fsuffix[FJ_i]


                    url = re. findall( r'( http:. * ?%s
$ ). * ? ' % Fsuffix[FJ_i], Furl[FJ_i], re.S)[0]


                    FJ_names. append( name)
                    FJ_urls. append( url)
                    FJ_titles. append( title)
                    FJ_date. append( date)


                except Exception as e:
                    print('附件文件保存失败:' +
str(e))


            if FJ_names:
                # print( FJ_names)
                # print( FJ_urls)
                SaveFJ( FJ_names, FJ_urls, FJ_titles, FJ_
date)




def k_in_p( k) :
    k = k. replace('\n', ''). replace('\r', ''). re-
place('\u200b', '')

    k = re. sub( r' <. * ? wbr. * ? >', '', k)
```

```python
    k = re.sub(r'<div.*?>.*?</div>',
'', k)

    k = re.sub(r'<.*?div.*?>', '', k)
    k = re.sub(r'<style.*?>.*?</style>
', '', k)

    k = re.sub(r'<a.*?>.*?</a>', '', k)
    k = re.sub(r'<table.*?>.*?</table>
', '', k)

    k = re.sub(r'<tbody.*?>', '', k)
    k = re.sub(r'<a.*?>', '', k)
    k = re.sub(r'</a>', '', k)
    k = re.sub(r'<img.*?/>', '', k)
    k = re.sub(r'<strong.*?>', '', k)
    k = re.sub(r'</strong>', '', k)
    k = re.sub(r'<span.*?>', '', k)
    k = re.sub(r'</span>', '', k)
    k = re.sub(r'\u3000', '', k)
    k = re.sub(r'<br.*?/>', '', k)
    k = re.sub(r'<b.*?>', '', k)
    k = re.sub(r'</b>', '', k)
    k = re.sub(r'<font.*?>', '', k)
    k = re.sub(r'</font>', '', k)
    k = re.sub(r'<!--.*?/-->', '', k)
    k = re.sub(r'<o:p.*?>', '', k)
    k = re.sub(r'</o:p>', '', k)
    k = re.sub(r'<st1:chsdate.*?>', '', k)
    k = re.sub(r'</st1:chsdate>', '', k)
    k = re.sub(r'<pre.*?>', '', k)
    k = re.sub(r'</pre>', '', k)
```

```
            k = re.sub(r'<p. *? >', '', k)
            k = re.sub(r'\xa0', '', k)
            k = re.sub(r'\\xa0', '', k)
            k = re.sub(r'<center>', '', k)
            k = re.sub(r'. *http://. *', '', k)
            k = re.sub(r'^. ? 相关附件:. *', '', k)
            k = re.sub(r'^. ? 相关附件:. *', '', k)
            k = re.sub(r'^. ? 附件:. *', '', k)
            k = re.sub(r'^. ? 附件:. *', '', k)
            k = re.sub(r'^. *? \.[a-z]{2,4}$', '', k)
            k = re.sub(r'^. ?. ? $', '', k)
        if k == "":
            k = ''

        return k


    line = msg
    TITLE = line[0]
    PUBLISHEDDAY = line[1]
    URL = line[2]
    r = requests.get(URL)



    r. encoding = 'utf-8'
    if r. text. find('◆')! = -1:
        r. encoding = 'gb18030'
    #如果含有 window. location. href,则需要跳转。
    url_real = re. findall('window\. location\. href\ = \'
(. *?)\'\;', r. text, re. M)
```

```python
    url_real = url_real[0] if len(url_real) else str()
    if url_real:
        r = requests.get(url_real)
        r.encoding = 'utf-8'
        if r.text.find('♠')! = -1:
            r.encoding = 'gb18030'

    root = etree.HTML(r.text)

    soup = BeautifulSoup(r.text, 'html.parser')

        content = root.xpath('//*[@id = "lib_Tab1_sx"]/div[2]/div/div/div[2]')
            CONTENT = clear_text(content[0].xpath('string(.)')) if len(content) else str()
            CONTENT = k_in_p(CONTENT)
            print(CONTENT)



        styles = ['通知', '公告', '函', '决定', '规定', '办法', '条例', '审议', '通告', '批复', '意见', '措施', '通报', '决算', '会议', '报表', '公示', '仪式']
    title = TITLE
    title = re.sub(r'\.\.\.$', '', title)
    title = re.sub(r'(.*?)', '', title)
    title = re.sub(r'》$', '', title)
    for s in styles:
        Document_style = re.search(s + '$', title)
        if Document_style == None:
```

```
                        output = '其他'

            else：
                        output = Document_style. group( )
                        break
        DOCUMENT_STYLE = output

        DEPARTMENT = '江西省科技厅'

        Get_FJ( soup，TITLE，PUBLISHEDDAY)


        data = (TITLE, REF_NO, PUBLISHEDDAY, START-
DAY, ENDDAY, DEPARTMENT, DISTRICT, DOCUMENT_STYLE,
                    TOPIC，URL，CONTENT)


        write_data_into_csv([ data]，
                            title = [ ('TITLE', 'REF_NO',
'PUBLISHEDDAY', 'STARTDAY', 'ENDDAY', 'DEPARTMENT', 'DISTRICT', '
DOCUMENT_STYLE',
                    'TOPIC', 'URL', 'CONTENT') ])


        ####################以下代码为固定代码,请不
要修改###########################################################
#######################
        self. tasks_queue. task_done( )
    except Exception as e：
```

```
                    print('爬虫线程 %s 发生异常,将任务重新放回队
列中:%s'%(self.name,repr(e)))
                        self.tasks_queue.task_done()
                        job.increase_priority()
                        self.tasks_queue.put(job)
                        time.sleep(5)
                else:
                    quit_num += 1
                    time.sleep(1)
                    print('类型为:%s 的爬虫列队中的任务数量为0,爬虫
%s 休眠1秒...quit_num = %s'%(self.__class__.__name__,self.name, quit_
num))
                    print_info()
                if quit_num == 3:
                    print('%s:::爬虫线程 %s 结束线程,剩余爬虫线程%s
' %(self.queue_name, self.name, len(threading.enumerate())-2))
                    break


if __name__ == '__main__':
    mkdir(SavePath)

    TITLE = []
    REF_No = []
    PUBLISHEDDAY = []
    STARTDAY = []
    ENDDAY = []
    DEPARTMENT = []
    DISTRICT = []
```

```
DOCUMENT_STYLE = [ ]
TOPIC = [ ]
URL = [ ]
CONTENT = [ ]
LABEL_WORDS = [ ]
UPDATE_RECORD = [ ]


TITLE, PUBLISHEDDAY, URL = Get_index( )
DF = pd. DataFrame( TITLE)
DF. columns = ['TITLE']
DF['PUBLISHEDDAY'] = PUBLISHEDDAY
DF['URL'] = URL
print( DF)
DF. to_csv('kejiting. csv', encoding = 'utf - 8 - sig', index = False) #保
存第一步 csv 文件


try:
    Driver. quit( )
    Driver. close( )   #切记关闭浏览器,回收资源
except Exception as e:
    print('Driver:' + str(e))


DF_R = pd. read_csv('kejiting. csv', encoding = 'utf - 8 - sig', )   #读
取第一步 csv 文件
TITLE = DF_R['TITLE']. values
URL = DF_R['URL']. values
```

```
PUBLISHEDDAY = DF_R['PUBLISHEDDAY'].values


LEN = len(DF_R)
print('len of df =', LEN)


feet = 10
sept1 = LEN * 1 // feet
sept2 = LEN * 2 // feet
sept3 = LEN * 3 // feet
sept4 = LEN * 4 // feet
sept5 = LEN * 5 // feet
sept6 = LEN * 6 // feet
sept7 = LEN * 7 // feet
sept8 = LEN * 8 // feet
sept9 = LEN * 9 // feet
sept10 = LEN * 10 // feet


for i in range(sept1):
    line = [TITLE[i], PUBLISHEDDAY[i], URL[i]]
    q.put(Job(1, line))


for i in range(sept1, sept2):
    line = [TITLE[i], PUBLISHEDDAY[i], URL[i]]
    q2.put(Job(1, line))


for i in range(sept2, sept3):
    line = [TITLE[i], PUBLISHEDDAY[i], URL[i]]
```

```
        q3. put(Job(1, line))


for i in range(sept3, sept4):
        line = [TITLE[i], PUBLISHEDDAY[i], URL[i]]
        q4. put(Job(1, line))


for i in range(sept4, sept5):
        line = [TITLE[i], PUBLISHEDDAY[i], URL[i]]
        q5. put(Job(1, line))


for i in range(sept5, sept6):
        line = [TITLE[i], PUBLISHEDDAY[i], URL[i]]
        q6. put(Job(1, line))


for i in range(sept6, sept7):
        line = [TITLE[i], PUBLISHEDDAY[i], URL[i]]
        q7. put(Job(1, line))


for i in range(sept7, sept8):
        line = [TITLE[i], PUBLISHEDDAY[i], URL[i]]
        q8. put(Job(1, line))


for i in range(sept8, sept9):
        line = [TITLE[i], PUBLISHEDDAY[i], URL[i]]
        q9. put(Job(1, line))


for i in range(sept9, sept10):
        line = [TITLE[i], PUBLISHEDDAY[i], URL[i]]
        q10. put(Job(1, line))
```

```
for i in range(3):
    '''注意在此处指定爬虫指定的 queue'''
    s = Spider(tasks_queue = q, queue_name = '队列 1')
    s.start()
    s2 = Spider(tasks_queue = q2, queue_name = '队列 2')
    s2.start()
    s3 = Spider(tasks_queue = q3, queue_name = '队列 3')
    s3.start()
    s4 = Spider(tasks_queue = q4, queue_name = '队列 4')
    s4.start()
    s5 = Spider(tasks_queue = q5, queue_name = '队列 5')
    s5.start()
    s6 = Spider(tasks_queue = q6, queue_name = '队列 6')
    s6.start()
    s7 = Spider(tasks_queue = q7, queue_name = '队列 7')
    s7.start()
    s8 = Spider(tasks_queue = q8, queue_name = '队列 8')
    s8.start()
    s9 = Spider(tasks_queue = q9, queue_name = '队列 9')
    s9.start()
    s10 = Spider(tasks_queue = q10, queue_name = '队列 10')
    s10.start()


while len(threading.enumerate()) > 1:
    pass
```

```
        if FJ_names_ALL：

            Download_FJ( FJ_names_ALL, FJ_urls_ALL, FJ_titles_ALL, FJ_
date_ALL)


        elapsed = ( time. perf_counter( ) - start_time)
        print( "Finish！ \nTime used：", elapsed)
```

参 考 文 献

［1］布劳格．经济学方法论［M］．石士钧译．北京：商务印书馆，
1992.

［2］陈德权，甘露，唐丽．少数民族地区科技创新政策执行研究［J］．科
技进步与对策，2013（2）：126－129.

［3］陈秋英，陈青兰，杨连峰．厦漳泉大都市区同城化科技政策效率提升
研究［J］．科技管理研究，2014（11）：30－35.

［4］陈希孺．数理统计引论［M］．北京：科学出版社，1981.

［5］陈振明．政策科学［M］．北京：中国人民大学出版社，1998.

［6］陈振明．寻求政策科学发展的新突破——中国公共政策学研究三十
年的回顾与展望［J］．中国行政管理，2012（4）：12－15.

［7］程华，钱芬芬．政策力度、政策稳定性、政策工具与创新绩效——
基于2000～2009年产业面板数据的实证分析［J］．科研管理，2013（10）：
103－108.

［8］成邦文，董丽娅．研究与开发机构统计数据质量与异常点的对数正
态分布检验与识别［J］．统计研究，2000（1）：42－45.

［9］成良斌．论文化传统对我国技术创新政策的影响［J］．科技管理研
究，2007（9）：34－36.

［10］樊春良．全球化时代的科学技术政策［M］．北京：北京理工大学
出版社，2005.

［11］樊春良，马小亮．美国科技政策科学的发展及其对中国的启示
［J］．中国软科学，2013（10）：168－181.

［12］樊春良．科技政策科学的思想与实践［J］．科学学研究，2014

（11）：1601 – 1607.

［13］樊霞，吴进．基于文本分析的我国共性技术创新政策研究［J］．科学学与科学技术管理，2014（8）：69 – 76.

［14］冯锋，汪良兵．协同创新视角下的区域科技政策绩效提升研究——基于泛长三角区域的实证分析［J］．科学学与科学技术管理，2011（12）：109 – 115.

［15］高峰，郭海轩．科技创新政策滞后概念模型研究［J］．科技进步与对策，2014（10）：101 – 105.

［16］郭红丽，王华．宏观统计数据质量评估的研究范畴与基本范式［J］．统计研究，2011（6）：72 – 78.

［17］韩德瑞，秦朵．动态经济计量学［M］．上海：上海出版社，1998.

［18］胡明勇，周寄中．政府资助对技术创新的作用：理论分析与政策工具选择［J］．科研管理，2001（1）：31 – 36.

［19］黄璜．政策科学再思考：学科使命、政策过程与分析方法［J］．中国行政管理，2015（1）：111 – 118.

［20］匡跃辉．科技政策评估：标准与方法［J］．科学管理研究，2005（6）：62 – 65.

［21］李晨光，张永安．企业对政府创新科技政策的响应机理研究：基于回声模型［J］．科技进步与对策，2013（14）：81 – 87.

［22］李国平，陈福明，仇荣国．地方科技政策法规绩效评估与建议［J］．科技进步与对策，2009（2）：87 – 90.

［23］李建花．科技政策与产业政策的协同整合［J］．科技进步与对策，2010（5）：25 – 27.

［24］李萌．大数据时代对我国科技情报事业发展的新思考［J］．中国软科学，2016（12）：1 – 4.

［25］李习保．区域创新环境对创新活动效率影响的实证研究［J］．数量经济技术经济研究，2007（8）：13 – 24.

［26］李侠，孙立真，于兆吉．论舆论在科技政策制定过程中的作用［J］．科学学研究，2002（1）：29 – 32.

[27] 李侠. 对科技政策制定中的理性基础的考察 [J]. 科学学研究, 2003 (1): 71 - 76.

[28] 李侠, 蒋美仕. 论科技政策制定中的伦理基础缺失问题 [J]. 中国科技论坛, 2006 (4): 105 - 109.

[29] 李晓春, 黄鲁成. 我国技术创新政策研究的文献述评与分析: 主线、焦点和展望 [J]. 科学学与科学技术管理, 2010 (12): 36 - 42.

[30] 李阳, 许培扬. 国际科技政策研究文献计量学分析 [J]. 科技进步与对策, 2012 (7): 113 - 116.

[31] 梁小筠. 正态性检验 [M]. 北京: 中国统计出版社, 1997.

[32] 廖勇海, 刘益, 贾兴平. 基于 Meta 视角的市场导向、产品创新、产品竞争优势与新产品绩效关系研究 [J]. 研究与发展管理, 2015 (3): 105 - 113.

[33] 刘程军, 蒋天颖, 华明浩. 智力资本与企业创新关系的 Meta 分析 [J]. 科研管理, 2015 (1): 72 - 80.

[34] 刘凤朝, 孙玉涛. 我国科技政策向创新政策演变的过程、趋势与建议——基于我国 289 项创新政策的实证分析 [J]. 中国软科学, 2007 (5): 34 - 42.

[35] 刘凤朝, 施定国. 我国部分城市 R&D 投入效率及其影响因素分析 [J]. 改革与战略, 2009 (9): 44 - 47.

[36] 刘会武, 卫刘江, 王胜光. 面向创新政策评价的三维分析框架 [J]. 中国科技论坛, 2008 (5): 33 - 36.

[37] 刘金林. 基于事实维度的公共科技政策评价研究 [J]. 经济与管理, 2011 (8): 17 - 22.

[38] 刘军, 富萍萍. 结构方程模型应用陷阱 [J]. 数理统计与管理, 2007 (2): 268 - 272.

[39] 刘启华, 姚浩. 基于技术科学视角的现代政策科学体系新架构 [J]. 科学学研究, 2007 (2): 1 - 8.

[40] 刘树梅. 我国科技统计发展概况 [J]. 科技管理研究, 2007 (2): 1 - 3.

[41] 刘晓娥，卢艳红，喻金田．企业技术创新政策效果评价 [J]．统计与决策，2008（9）：56－58．

[42] 吕力之等（中国科技指标课题组）．应重视专利指标在科技政策制定中的作用 [J]．中国科技论坛，2000（4）：43－46．

[43] 吕明洁，陈松．我国高技术产业政策绩效及其收敛分析 [J]．科学学与科学技术管理，2011（2）：43－47．

[44] 吕燕．我国促进企业技术创新政策失灵问题研究——基于政策目标价值取向的测量设计与分析 [J]．中国行政管理，2014（12）：104－109．

[45] 聂鹏，王向．协同创新视角下环渤海区域科技政策绩效优化研究 [J]．经济问题探索，2013（3）：69－72．

[46] 闫军印，陈欣欣，侯孟阳．区域技术创新政策效果评价研究——基于30个省区的实证分析 [J]．工业技术经济，2014（7）：139－145．

[47] 潘鑫，王元地，金珺．基于区域专利视角的科技政策作用分析 [J]．科学学与科学技术管理，2013（12）：13－21．

[48] 彭富国．中国地方技术创新政策效果分析 [J]．研究与发展管理，2003（3）：17－21．

[49] 彭纪生，孙文祥．中国技术创新政策演变与绩效实证研究（1978～2006）[J]．科研管理，2008（7）：134－150．

[50] 阮陆宁，张华东．江西省科技政策实施现状及分析：基于270家企业的问卷调查 [J]．科技管理研究，2016（8）：34－38．

[51] 齐书宇，曲绍卫，褚洪．高校科技创新政策执行偏差问题及对策 [J]．中国行政管理，2013（6）：96－98．

[52] 曲昭，丁堃，张春博．基于文献计量视角的科技金融政策研究 [J]．科技进步与对策，2015（5）：123－128．

[53] 任锦鸾，吕永波，郭晓林．提高我国创新政策水平的综合思考 [J]．科技进步与对策，2007（2）：1－4．

[54] 任中保．创新政策制订过程融合技术预见方法的思路 [J]．科学学研究，2008（5）：994－999．

[55] 尚倩，赵晓庆．基于计量经济学的区域创新系统政策的定量评价

[J]. 科学学与科学技术管理, 2010 (12): 91 - 95.

[56] 沈旺, 张旭, 李贺. 科技政策与产业政策比较分析及配套对策研究 [J]. 工业技术经济, 2013 (11): 127 - 133.

[57] 施建军, 张台秋. 科技统计发展: 方向与思考 [J]. 统计研究, 2002 (1): 1 - 10.

[58] 盛建新, 成良斌. 当前中国科技政策研究的现状分析 [J]. 中国科技论坛, 2002 (2): 35 - 39.

[59] 苏竣. 公共科技政策导论 [M]. 北京: 科学出版社, 2014.

[60] 锁颖馨, 朱桂龙. 政府 R&D 资助对企业研发投入的影响——基于 Meta 分析的综述 [J]. 科技进步与对策, 2011 (8): 100 - 105.

[61] 万劲波. 技术预见: 科学技术战略规划和科技政策的制定 [J]. 中国软科学, 2002 (5): 63 - 67.

[62] 王卉珏, 谢科范. 科技政策体系中的非线性特征分析 [J]. 科学管理研究, 2004 (4): 49 - 51.

[63] 汪凌勇, 杨超. 国外创新政策评估实践与启示 [J]. 科技管理研究, 2010 (8): 28 - 31.

[64] 王景文. 目前世界主要发达国家科技政策的特点 [J]. 中国软科学, 1999 (2): 114 - 116.

[65] 王俊. R&D 补贴对企业 R&D 投入及创新产出影响的实证研究 [J]. 科学学研究, 2010 (9): 1368 - 1374.

[66] 王良, 葛京. 国际化程度与企业绩效关系的 Meta 分析 [J]. 西安交通大学学报 (社会科学版), 2013 (6): 27 - 33.

[67] 汪涛, 安暄. 类定量化科技政策文本分析框架构建及北京市科技政策演进分析 [J]. 技术经济, 2011 (6): 15 - 17.

[68] 汪涛, 谢宁宁. 基于内容分析法的科技创新政策协同研究 [J]. 技术经济, 2013 (9): 22 - 28.

[69] 王万珺. 外商直接投资对中国的溢出效应: 基于 Meta 回归分析方法的再分析 [J]. 经济评论, 2010 (1): 133 - 139.

[70] 王希泉, 张一冰, 叶语. 双元创新对企业绩效影响的调节因素研

究——基于 Meta 的文献分析 [J]. 现代情报, 2015 (6): 107 - 133.

[71] 汪霞. 政策群视域下政策效率的理论诠释及启示 [J]. 武汉大学学报 (哲学社会科学版), 2010 (2): 220 - 224.

[72] 王小鲁, 樊纲. 中国地区差距的变动趋势和影响因素 [J]. 经济研究, 2004 (1): 33 - 44.

[73] 伍蓓, 陈劲, 王姗姗. 科学、技术、创新政策的含义界定与比较研究 [J]. 科学学与科学技术管理, 2007 (10): 68 - 74.

[74] 吴喜之. 复杂数据统计方程——基于 R 的应用 [M]. 北京: 中国人民大学出版社, 2013.

[75] 武夷山. 科技政策制订的新机制 [J]. 科学学与科学技术管理, 2002 (6): 5 - 6.

[76] 王雅杰, 郜忠. 一种经济学问题的新的统计方法——Meta 分析 [C]. 第三届中国管理学年会论文集, 2008.

[77] 王雅杰, 惠晓峰, 郜中华. 人民币实际汇率失调程度的 Meta 方法分析 [J]. 数理统计与管理, 2013 (1): 7 - 17.

[78] 吴延兵. R&D 存量、知识函数与生产效率 [J]. 经济学 (季刊), 2006 (3): 1129 - 1156.

[79] 肖士恩, 雷家, 刘文艳. 科技创新政策评估的理论与方法初探 [J]. 中国科技论坛, 2003 (5): 24 - 27.

[80] 肖士恩. 基于创新型社会的地方科技创新政策评估理论研究 [J]. 科技进步与对策, 2010 (1): 103 - 105.

[81] 谢洪明, 程聪. 企业创业导向促进创业绩效提升了吗？一项 Meta 分析的检验 [J]. 科学学研究, 2012 (7): 1082 - 1091.

[82] 邢怀滨, 苏竣. 公共科技政策分析的理论进路: 评述与比较 [J]. 公共管理学报, 2005 (4): 47 - 56.

[83] 许治, 王思卉, 赵远亮. 政府研发资助对企业 R&D 投入影响的 Meta 分析 [J]. 科学管理研究, 2012 (1): 95 - 99.

[84] 徐宗本, 冯芷艳, 郭迅华. 大数据驱动的管理与决策前沿课题 [J]. 管理世界, 2014 (11): 158 - 163.

[85] 薛立强. 政策群理论及其应用：以"十一五"期间成功关停小火电为例 [J]. 理论与改革, 2011 (6)：91 – 85.

[86] 杨健, 韩立新. 科技创新政策及法律环境研究 [J]. 科学学与科学技术管理, 2010 (1)：23 – 26.

[87] 杨赟, 蔡艳梅. 提高科技统计数据质量途径探索 [J]. 河南科技, 2006 (9)：9 – 10.

[88] 曾萍, 邓腾智. 政治关联与企业绩效关系的 Meta 分析 [J]. 管理学报, 2012 (11)：1600 – 1608.

[89] 詹宇波, 刘荣华, 刘畅. 中国内资企业的技术创新是如何实现的？——来自大中型工业企业的省级面板证据 [J]. 世界经济文汇, 2010 (1)：50 – 63.

[90] 章刚勇, 阮陆宁. 我国科技统计研究回顾与展望 [J]. 统计与决策, 2010 (9)：161 – 163.

[91] 章刚勇, 朱世武. 科技发展目标、R&D 资源清查工作与 R&D/GDP 指标数据的正态分布特征 [J]. 中国软科学, 2013 (5)：183 – 192.

[92] 章刚勇. 结构方程模型应用：错误设定与估计程序 [J]. 统计信息与论坛, 2015 (7)：7 – 15.

[93] 章刚勇. 科技统计研究：方向与方法 [J]. 统计与决策, 2016 (3)：34 – 38.

[94] 章刚勇, 王立彦. 相对绩效评价方法研究：来自我国上市银行的经验证据 [J]. 中国软科学, 2016 (11)：167 – 164.

[95] 章刚勇, 阮陆宁. 基于 Monte Carlo 随机模拟的几种正态性检验方法的比较 [J]. 统计与决策, 2011 (7)：35 – 38.

[96] 章穗, 张梅, 迟国泰. 基于熵权法的科学技术评价模型及其实证研究 [J]. 管理学报, 2010 (1)：34 – 42.

[97] 张凌, 王为. 基于集对分析的黑龙江省技术创新政策效果评价 [J]. 科技进步与对策, 2008 (2)：119 – 122.

[98] 张楠, 林绍福, 孟庆国. 现行科技政策体系与 ICT 自主创新企业反馈研究 [J]. 中国软科学, 2010 (3)：22 – 26.

［99］张勤．当代中国的政策群：概念提出和特质分析［J］．北京行政学院学报，2000（1）：13－14．

［100］张杨．证伪在社会科学中可能吗？［J］社会学研究，2007（5）：136－153．

［101］张正严，李侠．"基于证据"——科技政策制定的新趋势［J］．科学管理研究，2013（1）：9－12．

［102］张中元，赵国庆．中国 FDI 水平溢出效应的 Meta 分析［J］．商业经济与管理，2012（4）：80－89．

［103］赵良浩，李玉蝉．我国科技创新绩效区域异质性研究［J］．工业技术经济，2013（10）：83－89．

［104］赵莉晓．创新政策评估理论方法研究——基于公共政策评估逻辑框架的视角［J］．科学学研究，2014（2）：195－202．

［105］赵林海．基于创新系统理论的科技创新政策制定研究［J］．科技进步与对策，2012（5）：98－101．

［106］赵筱媛，苏竣．基于政策工具的公共科技政策分析框架研究［J］．科学学研究，2007（1）：52－56．

［107］赵修卫．现代科技创新政策发展的四个特点［J］．科学学研究，2006（6）：895－900．

［108］赵延东，廖苗．负责任研究与创新在中国［J］．中国软科学，2017（3）：37－46．

［109］郑代良，钟书华．中国高新技术政策30年：政策文本分析的视角［J］．科技进步与对策，2010（4）：90－93．

［110］郑宇冰，管美鸣等．战后日本科技政策演变及其执行力研究［J］．科学管理研究，2013（10）：108－112．

［111］仲为国，彭纪生，孙文祥．政策测量、政策协同与技术绩效：基于中国创新政策的实证研究（1978～2006）［J］．科学学与科学技术管理，2009（3）：54－60．

［112］周立，吴玉鸣．中国区域创新能力：因素分析与聚类研究［J］．中国软科学，2005（8）：96－103．

［113］周黎安, 陈烨. 中国农村税费改革的政策效果: 基于双重差分模型的估计 ［J］. 经济研究, 2005 （8）: 44 － 53.

［114］周明, 李宗植. 基于产业集聚的高技术产业创新能力研究 ［J］. 科研管理, 2011 （1）: 15 － 21.

［115］朱平芳, 徐伟民. 政府的科技激励政策对大中型工业企业 R&D 投入及其专利产出的影响——上海市的实证研究 ［J］. 经济研究, 2003 （6）: 45 － 53.

［116］Agostino D. An Ominous Test of Normality for Moderate and Large Size Samples. Biometrica, 1971 （58）: 341 － 348.

［117］Babin B. J. , Hair J. F. , Boles J. S. Publishing Research in Marketing Journals Using Structural Equation Modeling. Journal of Marketing Theory & Practice, 2008, 16 （4）, 279 － 285.

［118］Berelson B. Content Analysis in Communication Research. New York: Free Press, 1952.

［119］Cadogan W. J. , Lee N. Improper Use of Endogenous Formative Variables. Journal of Business Research, 2013 （66）: 233 － 241.

［120］Finn A. , Wang L. Formative vs Reflective Measures: Facets of Variation. Journal of Business Research, 2014 （67）: 2821 － 2826.

［121］GAO: U. S. Government Accountability Office. Content Analysis: A Methodology for Structuring and Analysis Written Material. Boston: Hought on Mifflin Company, 1989.

［122］Glass G. V. Primary, Secondary, and Meta-analysis of Research ［J］. Educational Researcher. 1976 （2）: 3 － 8.

［123］Gray D. L. Economic Variables and Law Development: A Case of Western Mineral Property. Economic History Journal, 1978, 38 （2）: 388 － 362.

［124］Greene W. Econometric Analysis. New York: Prentice-Hall Press, 2001.

［125］Griliches Z. Patent Statistics as Economic Indicators: A Survey. Journal of Economic Literature, 1990, 28 （4）: 1661 － 1707.

［126］ Griliches Z. R&D and Productivity. Chicago: University of Chicago Press, 1998.

［127］ Holsti O. Content Analysis for the Social Sciences and Humanities. Reading, MA: Addison-Wesley Publishing Company, 1969.

［128］ Jöreskog K. G. Testing Structural Equation Models. In K. A. Bollen & J. S. Long (Eds.), Testing Structural Equation Models (pp. 294 – 316). Newbury Park: Sage, 1993.

［129］ Krippendorff K. Content Analysis: An Introduction to Its Methodology (2nd Ed.). Thousand Oaks: Sage Publications, 2004.

［130］ Monecke A., Leisch F. SemPLS: Structural Equation Modeling Using Partial Least Squares. Journal of Statistical Software, 2012, 48 (3): 1 – 32.

［131］ Powelson J. P. Centuries of Economic Endeavor. MI: University of Michigan Press, 1994.

［132］ Rigdon E. E. Comment on "Improper Use of Endogenous Formative Variables". Journal of Business Research, 2014 (67): 2800 – 2802.

［133］ Robert E., Charles I. Why Do Some Countries Produce So Much More Output Per Worker than Others? The Quarterly Journal of Economics, 1991 (5): 503 – 530.

［134］ Royston P. Approximating the Shapiro-Wilk W-Test for Non-normality. Statistics and Computing, 1992 (2): 117 – 119.

［135］ Smirnov N. Table for Estimating the Goodness of Fit of Empirical Distributions. The Annals of Mathematical Statistics, 1948, 19: 265 – 279.

［136］ Steven E. F. Causal Analysis with Panel Data. SAGE Publications, Inc. 1995.

［137］ Stanley T. D., Stephen B. Meta-Regression Analysis: A Quantitative Method of Literature Surveys ［J］. Journal of Economic Surveys, 1989, 3 (2): 161 – 170.

［138］ Wheaton D. E., Muthen, B. et al. Assessing Reliability and Stability in Panel Models. In D. R. Heise (Ed.), Sociological methodology, 84 – 136. San

Francisco: Jossey – Bass, 1977.

[139] William N. D. Public Analysis: An Introduction. New Jersey: Prentice Hall Inc. , 1994.

[140] Wold H. "Partial Least Squares." In S. Kotz, N. L. Johnson (eds.). Encyclopedia of Statistical Sciences. volume 6, pp. 581 –591. New York: John Wiley & Sons, 1985.

后　记

由于受到国家社会科学基金资助，我才有条件跨领域进行多学科交叉研究，并能使研究构思落地，且最终使本书出版。希冀本书能对政策分析方法论、科技统计，以及对我国科技政策质量的提高都有所裨益。感谢原领导何筠老师、黄细嘉老师和阮陆宁老师，他们的信任、指导和督促促使我积极从事科研工作，才会有此项目的申报和完成；感谢研究生谢莉莎，还有李锐和张华东等，他们协助我完成了部分工作；感谢好友钟鼎礼先生、熊志刚先生，帮我承担了研究过程中所遇到的部分世俗事务。

大数据时代不缺信息，知识通过网络扩散，一方面随时可被搜索获取，另一方面知识又呈"碎片化"趋势，信息真伪难以辨识。身处大数据时代的我们，如果缺乏了相应的知识体系，也就没有驾驭信息的能力。本书的部分章节是我在北京大学光华管理学院攻读博士学位期间完成的。在那里，我不仅在思考做学问的意义，以及什么是研究贡献，还有在思考学科与学科之间的边界、学术与实践之间的差异等问题；在那里，得益于良师益友的传道解惑，我突破了自有的知识边界，构建了自己的知识体系。因此，尽管我博士阶段就读的专业为会计学，该项研究所依托的却是统计学科国家资助项目，且又涉足公共政策研究领域，但已能做到专业知识互通有无，研究方法交叉应用。所以，我要感谢我在北京大学求学期间所遇到的王立彦、罗炜等老师和常国珍等同学，他们不仅增进了我对新知识的吸收和领悟能力，而且引领了我的研究方法论。岁数渐长，发现"一路走来，没有敌人，看见的都是朋友和师长"。

我还要感谢女儿章好雨，她的到来，让我体会了人世间另一种情感。不舍的有学问，也有她；由此，生活也发生了不小的变化。小静说"每个人都有自己的寒冬，并非所有人，都可以轻盈地度过这一生"。书稿完成之际，在我的印象中，是在南昌，恰逢一个最冷的冬天。

章刚勇
2020 年 1 月于南昌